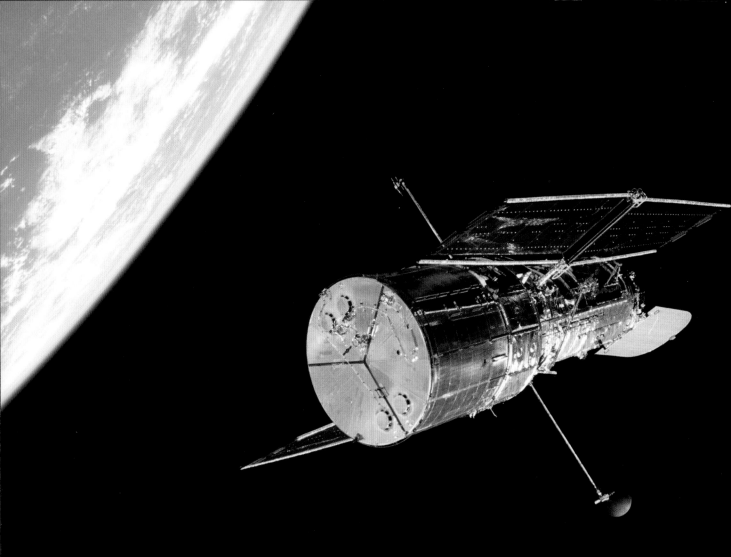

HUBBLE
LEGACY

30 YEARS OF DISCOVERIES AND IMAGES

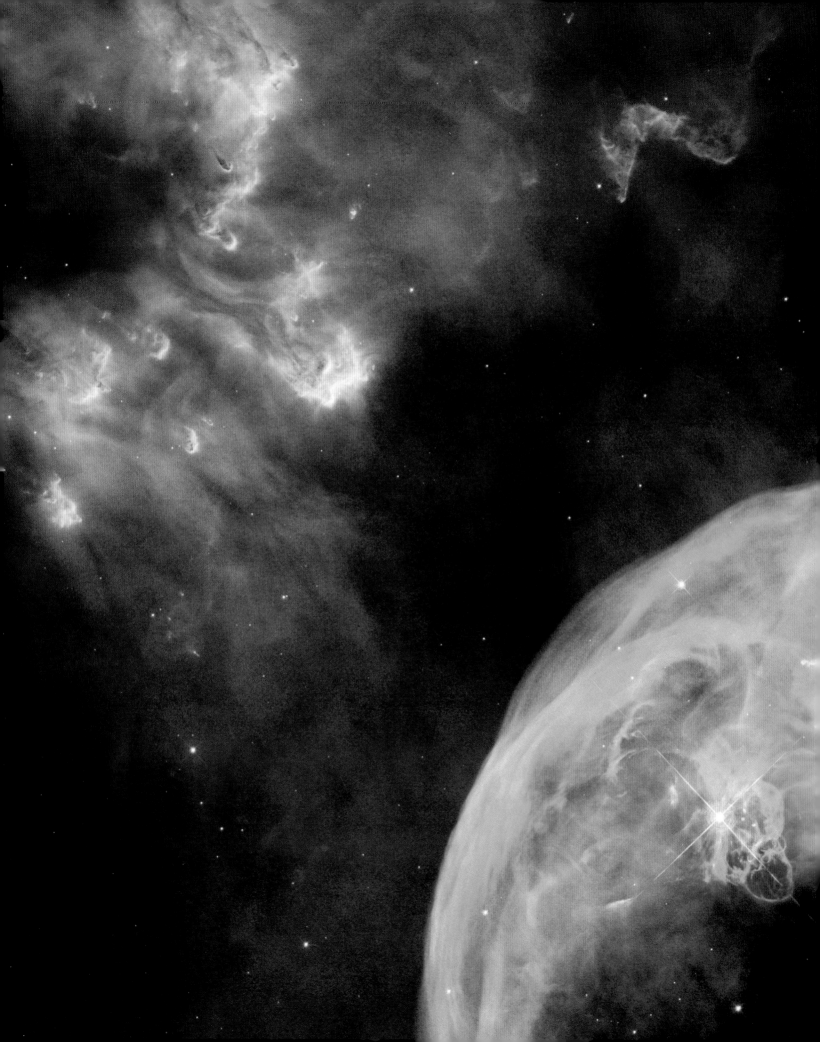

哈勃空间望远镜的遗产

30年的伟大发现和珍贵图像

〔美〕吉姆·贝尔 著

王雨铃 朱 进 译

美国宇航局宇航员约翰·M.格伦斯菲尔德博士作序

河南科学技术出版社

·郑州·

在人们关心和探索的奥秘中，没有什么比宇宙更神秘、更庞大、更遥远！谁能解开这个谜就更是个谜。自1990年4月24日，"发现"号航天飞机将哈勃空间望远镜送入距地球612千米的太空之后，便开始了人类探索宇宙的征程。它是人类在太空建立的第一个天文台，是至今唯一能在紫外线和可见光波段观察宇宙的望远镜；30年来，在太空裸露对望远镜装置进行5次惊心动魄的维修、改造，拍摄了无数精美图片，发现无数星团，比太阳大的星体还有许多，能观察到最远的恒星达280亿光年，宇宙大爆炸可能发生的时间被精确到137.99亿年前……这些无以伦比的创造、发现，是人类最宝贵的科学遗产。读了《哈勃空间望远镜的遗产——30年的伟大发现和珍贵图像》，让我大开眼界，无比震撼，一气呵成，受益匪浅！

刘嘉麒
中国科学院院士、中国科学院地质与地球物理研究所研究员

如果说人们对浩瀚的宇宙充满着无尽的遐想，那么哈勃望远镜则把人们的浮想联翩转化成为一幅幅栩栩如生的画卷。浓缩了30年哈勃望远镜成就的这本画册，背后凝聚着天文学家的智慧和心血，带给我们的不仅仅是视角的震撼，更是对宇宙认知的飞跃。

武向平
中国科学院院士、中国青少年科技辅导员协会理事长

30年的传奇与争议，难以复制的成功与影响，令人震惊的天文发现，令人窒息的美丽照片，哈勃望远镜深刻和永远地改变了我们对宇宙的认知和我们认知宇宙的方式，这本最美的书告诉你这一切！

张双南
中国科学院高能物理研究所和国家天文台研究员、中国科学院大学教授

哈勃空间望远镜之所以成为史上最重要的天文观测设备之一，不仅在于它为专业天文学家带来的众多惊人的天文发现，也在于它为每个人带来的无比震撼的、超出人们想象力的宇宙精美图景。哈勃望远镜的观测为人类探索宇宙留下了宝贵的遗产。

王晓锋
北京天文馆馆长、清华大学教授

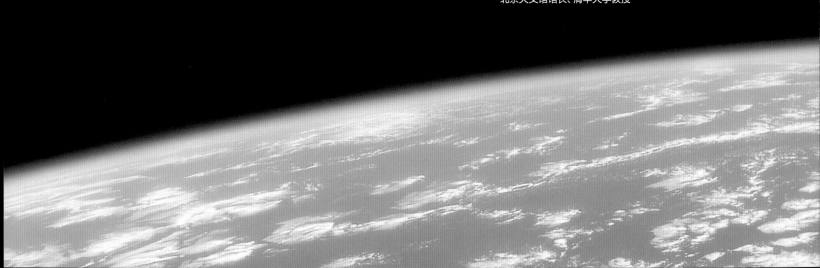

献 词

　　谨以此书献给那些设计、建造、测试、发射、升级、修理、操作和继续运行哈勃空间望远镜（简称哈勃望远镜或HST）这台令人难以置信的时光机器的数以万计的工作人员，以及享用和学习哈勃望远镜帮助我们所发现的一切的世界各地的难以计数的人们。

吉姆·贝尔所著并出版的图书

《与小行星交会：近地小行星交会探测器——"舒梅克"号的爱神星历险记》（*Asteroid Rendezvous: NEAR Shoemaker's Adventures at Eros*）

《火星表面：成分、矿物和物理特性》（*The Martian Surface: Composition, Mineralogy, and Physical Properties*）

《来自火星的明信片：红色星球上的第一位摄影师》（*Postcards from Mars: The First Photographer on the Red Planet*）

《立体火星：漫游者眼中的红色星球》（*Mars 3-D: A Rover's-Eye View of the Red Planet*）

《立体月球：月球表面的苏醒》（*Moon 3-D: The Lunar Surface Comes to Life*）

《太空大事记》（*The Space Book*）

《星际时代》（*The Interstellar Age*）

《终极星际旅行指南》（*The Ultimate Interplanetary Travel Guide*）

《地球大事记》（*The Earth Book*）

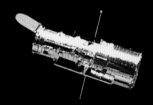

　　扉页图：这张壮丽的照片由哈勃望远镜的ACS设备拍摄，展示了大麦哲伦云星系中一个被称为N159的恒星形成区，这个星系是银河系的一个卫星星系，距离我们大约16万光年。来自镶嵌在N159当中的炽热的年轻恒星的强烈的紫外能量和强劲星风导致周围的氢气发出光亮，并将其塑造成微小的细丝和其他结构，它们被哈勃望远镜卓越的分辨率所辨识。

　　第 vi 页和第 vii 页图：哈勃望远镜的ACS假彩色合成照片，拍摄的是旋涡星系NGC 3432，距离地球4 500万光年，位于小狮座。很难说这是一个像我们银河系一样的旋涡星系，因为从我们的观察角度只能看到它的"侧向"，就像从侧面看一个餐盘。

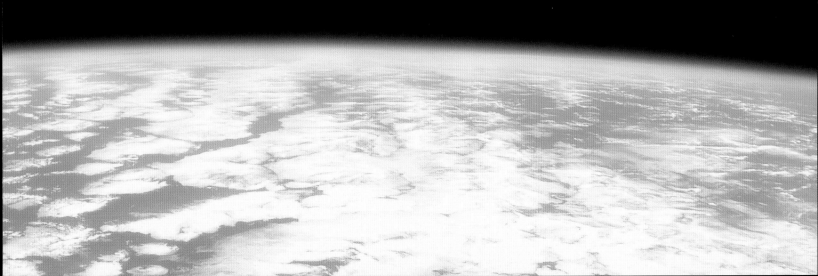

"看着这些星星突然感到自己的烦恼和所有地球生命的羁绊都相形见绌。"

—— H. G. 威尔斯,《时光机》(1895年)

"你必须坦然面对杂乱无章的现实，你只能那样。
这样一来，生活也许就会令你惊讶。"

—— 埃普丽尔，《热浴盆时光机》（米高梅电影公司/联美，2010年）

目　录

这是雪茄星系——梅西叶82（M82）的一张假彩色合成照片，由以下图像组合而成：钱德拉X射线天文台拍摄的蓝色波段图像、哈勃空间望远镜拍摄的蓝色和绿色波段图像以及斯皮策空间望远镜拍摄的红色波段图像。M82位于大熊座，距离地球约1 200万光年。

序 言

天体物理学家、宇航员、哈勃空间望远镜维修宇航员约翰·M. 格伦斯菲尔德博士

几千年来，人们仰望夜空，试图从星星的排列以及月球、行星和偶尔出现的彗星在星空中的往复漫游里寻求意义。置身于现代社会并没有改变我们对神秘宇宙的迷恋，反而使我们对宇宙本质的好奇有增无减。我们知道，宇宙诞生于约137亿年前的大爆炸，并且不断膨胀，形成了今天通过望远镜所观测到的星系结构，我们的视野远远超出了人类祖先所能到达的范围。黑洞散布于宇宙，行星绕着我们在夜空中看到的几乎所有的恒星转圈儿，我们把这些知识归功于将毕生精力用于研究通过地面和空间望远镜获得的大量数据的那些天文学家，以及建设天文观测台站的那些心灵手巧的工程师和技术人员。哈勃空间望远镜就是这样一个空间天文台，在天文探索历史上占据特殊地位。鉴于使用它所得到的发现的深度和广度，哈勃望远镜也许堪称有史以来建造的最重要的科学设备。在庆祝哈勃望远镜发射30周年之际，我们也一并庆贺人类追求知识的非凡的探索之旅。

哈勃空间望远镜的观测有助于回答一些古老的问题，比如：我们从哪里来？物质、恒星、行星、星系以及构成我们的化学元素都来自哪里？我们要到哪里去？太阳系的未来轨迹会是什么？太阳的未来和宇宙中星系的命运又会是什么？黑洞存在吗？（存在！）在邻近恒星的周围有行星吗？（有！）

在哈勃望远镜最显著的成就面前，人类天文学在某种程度上都显得有些逊色：它的相机所拍摄的照片告诉我们，宇宙远比我们想象的更加精彩和丰富。本书通篇呈现给大家的这些熟悉的照片鼓舞了全世界人民，激励着我们的斗志，激发起我们的好奇。

哈勃空间望远镜这辉煌和令人赞叹的30年充满着不确定性。实际上，在它1990年搭载"发现"号航天飞机发射之后，望远镜就显现败局，几乎没有成功的希望。直径2.4米的主镜制造过程中的一个小的缺陷预示了这台标志性望远镜的黯淡前景，图像模糊不清，天文学家担心这次任务几乎会完败。美国政府对这台望远镜的投资高达数十亿美元，因此美国国会对哈勃望远镜光学系统方面的差错感到非常为难和恼怒。更糟糕的是，哈勃望远镜成了深夜电视节目里的笑柄和社论漫画家的素材。幸运的是，对我们所有人来说，这并不是故事的结束，而是一场精彩纷呈的旅行的开始，这趟旅程不仅拯救了哈勃望远镜，而且超越了它被建造时的所有设想。

注：本书内容基于原著的写作时间。

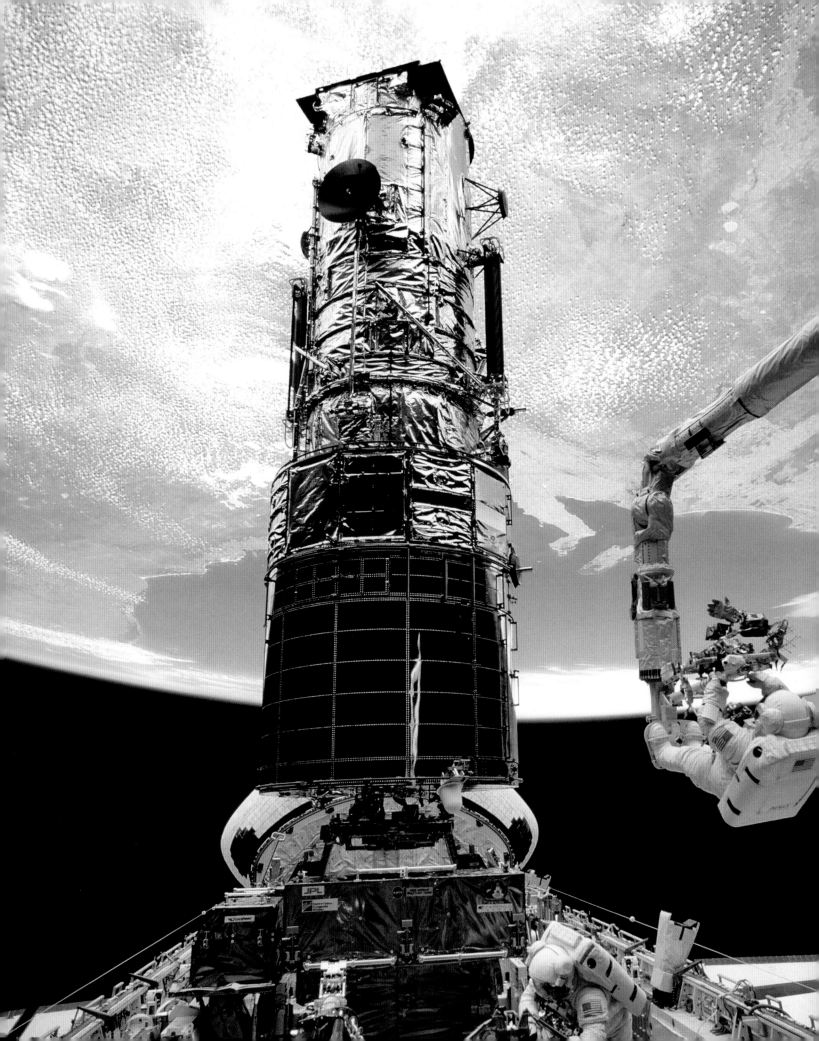

在当时美国宇航局领导的支持下，那些卓越的哈勃空间望远镜设计师意识到，航天飞机将望远镜送入轨道的独特技能也可以用于后续任务中宇航员对望远镜的维修，由此航天飞机增加了一项受到最广泛赞誉和认可的用途——修复和维护哈勃空间望远镜。1993年的第一次维修任务是通过"奋进"号航天飞机搭载新的仪器和矫正光学元件来"撤销"哈勃望远镜主镜的错误设计（见第4页和第5页）。如果当时说美国宇航局和载人航天计划的未来生死未卜也并非耸人听闻。令人欣慰的是，虽然存在许多技术和人力方面的挑战，但这次任务取得了举世瞩目的成功。在1993年至2009年，针对哈勃望远镜执行了5次任务，每一次都充满了对参与其中的工程师、科学家、技术人员、管理人员和宇航员的聪明才智和顽强毅力的挑战。我荣幸之至地参与执行了5次任务中的3次，通过太空行走完成了望远镜的升级和维修任务。

1997年，我被指派执行我的第三次太空飞行任务，也是哈勃望远镜的第二次维修任务。对一个天体物理学家来说，这是航天飞机使命的"终极梦想"。我们制订了一个破纪录的6次太空行走计划，以便对几个哈勃望远镜天文观测系统实施总检修，并安装一个新的高分辨率相机。仅仅两年之后，哈勃望远镜就呈现给我们一个新的挑战。到1999年，望远镜的陀螺仪有一半出现了故障，观测宇宙的哈勃望远镜之眼随时有关闭的危险。因此在同年12月，我们乘坐"发现"号航天飞机与哈勃望远镜会合，通过3次太空行走实施了1次缩减版的救援任务。在那次任务中，我们安装了一些新的陀螺仪、一台新的计算机和其他设备以维持哈勃望远镜的运行。这次任务包括了我的第一次太空行走，给我提供了一次独自与哈勃望远镜近距离接触的机会。1999年12月24日，我有幸与我的搭档史蒂文·史密斯进行了我的最后一次太空行走，12月25日，我们推放出哈勃望远镜，使它得以继续完成发现、探索和观测天空的使命。我无法想象，对人类来讲，还有比正常运转的哈勃望远镜更好的礼物吗？

继那次成功执行任务之后，我被任命为有效载荷指挥官，领导指挥2002年在"哥伦比亚"号航天飞机上的一项太空行走任务。这项任务旨在完成原本的第三次维修工作，这次任务由于陀螺仪出现故障而被迫中断。在这次任务中，我们为哈勃望远镜安装了一台新的高分辨率数码相机——高端巡天相机。这台了不起的相机后来拍摄的数据被用以证实"宇宙"正在加速，帮助亚当·里斯、布莱恩·施密特和索尔·帕尔穆特获得了2011年诺贝尔物理学奖。然而，在哈勃望远镜能够做出这一贡献之前，我们得修复它的主电源控制单元。如果我们不去修复，哈勃望远镜最终会永久地停止运行。但是，这次维修工作远远超越了我们曾经在太空中尝试过的任何事情，如果我们做不好，哈勃望远镜可能会马上失灵。幸亏有位于马里兰州的美国宇航局戈达德航天飞行中心（GSFC）的足智多谋的工程师们，以及位于休斯敦的美国

左图：1993年12月，美国宇航局宇航员斯托里·马斯格雷夫被固定在"奋进"号航天飞机机械臂的尾端，准备实施维修任务1（SM-1）当中针对哈勃空间望远镜的初期修理和维护。

上图：这个电源控制单元实际上是哈勃空间望远镜的心脏，在执行维修任务3B（SM-3B）期间被"哥伦比亚"号航天飞机的宇航员约翰·M.格伦菲尔德和理查德·林纳汉更换。

右图：在模拟的零重力环境中练习维修任务4（SM-4），美国宇航局的宇航员在休斯敦约翰逊航天中心的中性浮力实验室里，就着哈勃空间望远镜的模型进行水下操作。

宇航局约翰逊航天中心令人惊叹的太空行走教官和操作团队，我们才得以完成几乎不可能实现的目标，并在第三次太空行走中更换了出现故障的单元。我和我的太空行走搭档理查德·林纳汉共同完成了维修任务，他是名兽医。哈勃望远镜又躲过了一颗子弹，再次恢复正常运转。

不幸的是，2003年在一次成功的科学任务之后，"哥伦比亚"号航天飞机于返回地球时失事，这对美国宇航局、航天界和公众都是一个打击。这不禁令人怀疑针对哈勃望远镜的最后的第五次维修任务是否能够按计划实施。与去往国际空间站的飞行任务不同，针对哈勃望远镜的飞行任务没有任何机会逗留在"避风港"里。经过多次辩论后，最后一架航天飞机做好了飞行的准备。我又一次被指派去领导指挥太空行走团队完成一个包含5次太空行走的系列任务。航天飞机指挥官斯科特·奥尔特曼和机械工程师迈克尔·马西米诺都被派来执行任务，他们两人都曾和我一起执行过先前的哈勃望远镜任务。和我们一起的还有首飞宇航员梅根·麦克阿瑟、安德鲁·弗伊斯特尔（我的太空行走搭档）、格雷戈里·约翰逊和迈克尔·古德。为了减少我们机组人员被困太空的风险，第二架航天飞机"奋进"号在第二个发射台上随时待命，以防我们需要救援。

我们在"亚特兰蒂斯"号航天飞机上执行的任务相当费力。我们需要安装第三代宽视场相机、新电池、一整套新的陀螺仪和一个新的精密导星传感器，同时还要

维修出现故障的空间望远镜成像光谱仪（STIS）和那架了不起的高端巡天相机。由工程师、飞行控制员、发射小组、其他技术人员和支持人员组成的天才团队，又一次完美无瑕地完成了任务，我们实现了所有的目标，而且更多。2009年5月19日，当我们把哈勃望远镜放回它的轨道时，哈勃望远镜正处于它在太空期间的最佳状态。有了修好的仪器和新的宽视场相机，这架装备精良的望远镜即将解开更多的宇宙奥秘。

　　当哈勃望远镜最初被推放到太空时，很少有人能想到它会在轨道上待30年。最初对它使用年限的估算是15年。如果不是维修任务的成功，哈勃望远镜永远也无法实现它的科学探索和发现，哪怕只是很微小的一部分。从有缺陷的镜面到出现故障的陀螺仪，到损坏的相机，到故障电力系统，再到更多，来自地球的和太空中的一次又一次的维修尝试至关重要。作为太空时代最"胆大包天"、技术最复杂的一种尝试，哈勃望远镜的5次维修任务将会永载史册。

　　如果没有哈勃空间望远镜，世界上将近一半的人口从来不会获知有另外一个世界。当我们凝视着哈勃望远镜拍摄的精彩绝伦的图像时，我们已经记不起先前的失望、烦恼或挑战了。我们欣赏的是由哈勃望远镜所揭示的宇宙之美。尽管望远镜的未来越来越不确定，但它的贡献是毋庸置疑的。后续的文字既是对这些贡献的赞颂，同时也是对这个打动了我们所有人的望远镜所做出的发现的一个记录。

右图：2009年5月，"亚特兰蒂斯"号航天飞机发射前正在肯尼迪航天中心的发射台39A上装载燃料，航天飞机及其7名宇航员将于当月成功执行维修任务4（SM-4），这也是维修哈勃空间望远镜的最后一次航天飞机任务。

下图：竖起大拇指。2002年3月，在执行STS-109任务中帮助维修哈勃空间望远镜时，约翰·M.格伦斯菲尔德向在"哥伦比亚"号航天飞机内的机组人员发出信号，以示他的第三次太空行走进展顺利。

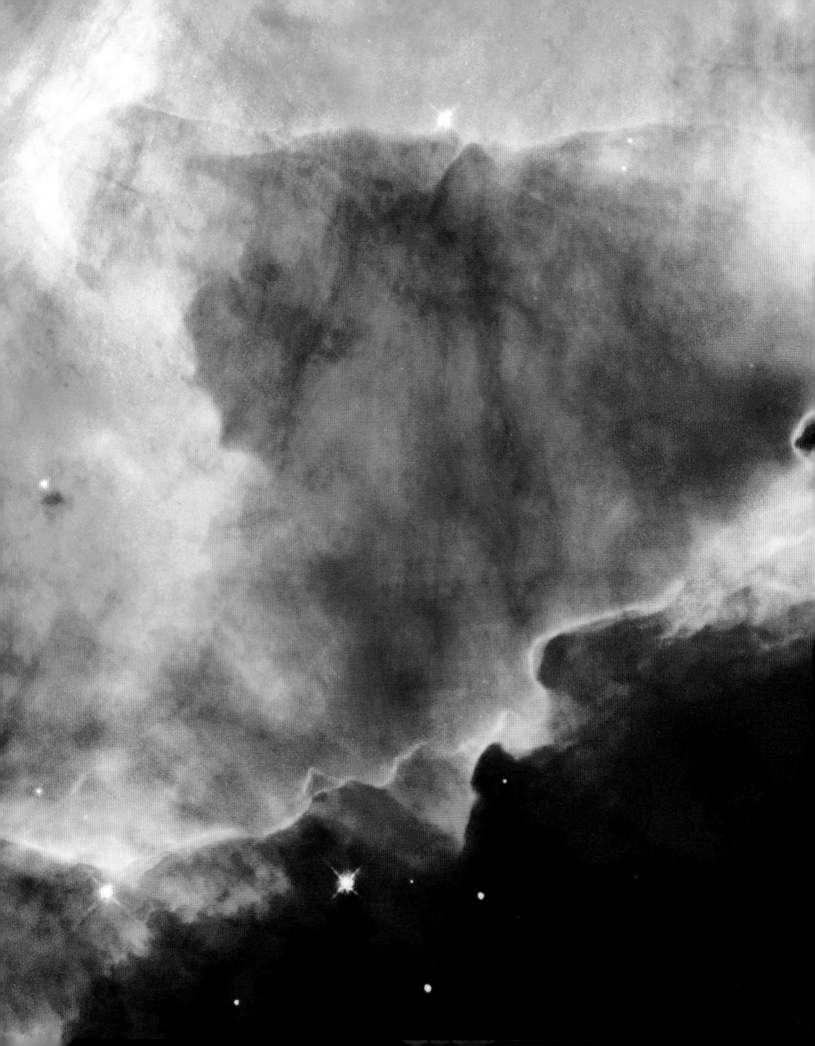

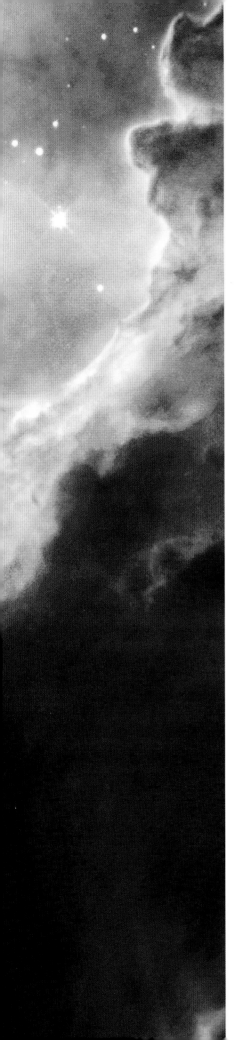

引 言

　　想象一下，你有一台时光机，一种只让你的时间回到过去的专门的时光机，时光倒回，你可以观察过去发生的一幕一幕，但你自己实际上是回不去的。听起来有些神奇，但世上其实充满了这样的时光机——它们被称为望远镜。而迄今为止它们当中最具影响力的一个，也是能够回望时光最深处的那一个，并不在地球这颗行星上，而是运行在距地表612千米的轨道上，我们称之为哈勃空间望远镜。

　　远在20世纪70年代末哈勃望远镜获准拨款前30年，人们就已经开始严谨而科学地规划大型空基望远镜了。空基望远镜诞生路上的里程碑是普林斯顿大学的天文学家和物理学家莱曼·斯皮策在20世纪40年代末撰写的一篇研究论文，斯皮策在论文中指出，如果能够将一台大型望远镜发射到地球大气层之外，比起地基望远镜甚至位于山顶的那些天文台，它会有两个明显的优势。

　　首先，与同样大小的地基望远镜相比，空基望远镜具有更高分辨率的优势，因为地球大气层的不断"闪烁"使地基望远镜的聚焦变得糟糕和模糊。这种天文学家称之为"大气宁静度"的效应，通常会妨碍地基望远镜到达其理论（无大气层条件下）极限，即使在晴朗的夜晚也是如此（当然，地基望远镜在多云的天气根本无法达到任何分辨率！）。根据斯皮策的理论，空基望远镜的分辨率可以很容易提高10倍甚至更多，只是受限于透镜或反射镜的物理特性，以及所谓的光学系统"衍射极限"。由于衍射极限与望远镜光学系统的口径成正比，所以空基望远镜口径越大，它的分辨率就越高。

　　斯皮策认为，空基望远镜的第二大优势是，它们不会过滤掉被地球大气层过滤掉的部分光谱。例如，紫外线辐射被大气层中的臭氧和其他气体强烈吸收，这对地球上的生命非常有益，因为高能量紫外线辐射能迅速分解有机分子，所以如果紫外线没有被地球大气层过滤掉，那地球表面上就不可能存在生命。然而，大气层中的臭氧对天文学家来说并不是件好事，他们想研究高能天体物理过程和事件，而这只能通过研究紫外线辐射才能查明。同样，天体的许多重要的红外光谱也被地球大气中的水蒸气、二氧化碳和其他气体过滤掉，因此这些潜在的诊断波长也无法由地基望远镜获取。

　　然而在太空中，天文学家可以研究宇宙的所有颜色。

左图：哈勃望远镜的WFPC2仪器生成的一张星云梅西叶17（M17）（也称为欧米茄星云或天鹅星云）中湍流气体云和尘埃的很小的局部区域的假彩色照片，该星云位于人马座方向，距离我们5 500光年。

从理论到哈勃望远镜

从斯皮策的构想到在太空实际运行一个望远镜耗费了漫长的时间，部分原因是关键的技术问题尚未解决，而且每个人（包括美国国会）都知道这将是一个极其昂贵的资助项目。仅成本问题就令许多天文学家站出来反对，因为他们担心这一项目会耗尽联邦政府拨付给天文研究和仪器设备的全部或大部分资金。

幸运的是，美国国家科学院在20世纪60年代初就赞成建造大型空基望远镜的想法，并将这一任务交给新成立的美国宇航局，而美国国会和总统府在制定国家科学和技术研究计划时经常会向国家科学院请教。及至20世纪60年代中期，美国宇航局和英国科学研究委员会都发射并运行了几台小型空基望远镜，证明了在光谱的紫外线部分（以及光谱中更高能量的X射线和伽马射线部分）观测太阳和其他深空物体的科学可能性。大约在同一时期，斯皮策亲自主持了一个国家科学院委员会，旨在探索口径可能达到3米的大型空间望远镜的设想。他坚持不懈地去说服那些持怀疑态度的天文界同人，尽管这会是一项巨额投资，但潜在的科学回报可能是巨大的。美国宇航局确定了一项在1979年前后发射一个大型空间望远镜的计划，并进行了布置，指定新型载人航天器，即航天飞机对其搭载发射并偶尔进行维修。

遗憾的是，20世纪70年代和80年代初正是美国宇航局在资金划拨上充满挑战的时期。在耗资巨大的"阿波罗"登月计划之后，该机构的规模和预算都被缩减了，这使它很容易就成为国会和政府部门削减预算的靶子。事实上，1974年国会把拟定的大型空间望远镜计划完全从联邦预算中削减了。天文学家开展了一项全国性的游说和上书活动，同时国家科学院适时地提交了另一份报告，强调天文望远镜的必要性，促使拨款被重新提上议事日程，但仅为预期水平的一半。结果，大型空间望远镜的设计者被迫把望远镜的口径从3米缩减到2.4米左右，以此来降低成本。另一项节约资金的举措是争取欧洲空间局（ESA）的合作与支持，后者同意提供太阳能电池板和一台望远镜仪器，条件是欧洲天文学家最终能够获得空间天文台15%的研究时间。望远镜和运送望远镜的航天器的详细设计工作终于在1978年启动，计划于1983年发射。

设计、建造和测试这样一台复杂的机器需要美国宇航局两个主要研究机构——位于亚拉巴马州亨茨维尔的马歇尔空间飞行中心（它将独自建造望远镜）和位于马里兰州格林贝尔特的戈达德航天飞行中心（它将负责仪器设备和地面控制中心）的共同经验和专业知识。航空航天巨头洛克希德公司将建造航天器，并将望远镜整合其中。马歇尔空间飞行中心随后将望远镜镜面的制造转包给珀金–埃尔默公司，后者是一家光学公司，在康涅狄格州丹伯里拥有一个镜面研磨厂。

事实证明，这些任务在技术上令人望而却步，无论是镜面制造，还是航天器总成和测试，都出现了时间上的延误和成本上的超支。美国宇航局一而再、再而三地推迟发射日期，先是1984年，然后是1985年，最后是1986年，因为突然出现了问题，而且必须解决。与此同时，美国宇航局决定以美国天文学家爱德温·鲍威尔·哈勃（Edwin Powell Hubble）（1889—1953）的名字给这台望远镜命名，20世纪20年代末和30年代初，哈勃是在银河系之外发现星系的主要科学家。哈勃也是最早意识到这些遥远星系的运动揭示了宇宙正在膨胀的科学家之一，因此（根据推理，让时间往过去流逝）宇宙一定是诞生于上百亿年前的一次难以想象的物质和能量爆发，我们现在普遍称之为大爆炸。

哈勃望远镜梦想成真

根据美国宇航局的说法，哈勃空间望远镜被赋予的使命是"收集来自宇宙天体的光，以便科学家能够更好地了解我们的宇宙"。这个非常笼统的目标的关键部分是，这台望远镜不仅要测量光谱中的可见光部分，还要测量紫外线部分，由于地球大气层的过滤，这个任务是地基望远镜无法完成的。更确切地说，就是这台望远镜将能够以极高的分辨率研究这些光的颜色，通过观测获得关于行星、卫星、小行星、彗星、恒星、星云、星系和早期宇宙的新发现。事实上，哈勃望远镜最重要的一个目标或许是精确地算出宇宙本身的年龄，通过以前所未有的极高的精度测量遥远星系的膨胀率来改进它的命名来源者哈勃本人曾经从事的工作。

在把哈勃空间望远镜的发射日期改到1986年末之后，事情终于看起来有所起色了。然而那年1月，"挑战者"号航天飞机在发射后不久发生爆炸的悲惨事件导致整个航天飞机编队停飞，而这台几近完工的望远镜也不得不在等待搭载中被搁置了3年多。1990年4月24日，"发现"号航天飞机终于将哈勃空间望远镜送入太空。为了让它到达那里整整耗费了10多年的时间，费用也从最初估计的4亿美元飙升到超过47亿美元。尽管如此，天文学家还是为这座历史性的新天文台可能带来的发现而欢欣鼓舞。

然而，当发现望远镜严重失焦时，喜悦很快就变成了失望。本以为，第一批恒星和星系的图像会是清晰细腻得令人拍案叫绝，但实际上它们却是模糊得令人瞠目结舌。当初设计的分辨率要比这架望远镜的分辨率高10倍左右，它实际上也不比当时的地基望远镜好多少。这既是一场工程技术灾难，也是一件公关危机事件。随后的调查发现，主镜被加工成了一个极其精确、同时又极其错误的形状。哈勃望远镜的主镜被研磨得太平了，差了大约2.2微米，相当于人类头发直径的1/50。虽然看起来不算多，但对于这样一个大个头的望远镜来说，这种被称为"球面像差"的效应的影响是巨大的，妨碍了仪器实现精密对焦。最后，调查人员确认元凶是一个用于检查镜子形状是否规整的缺陷测试设备。此外，珀金–埃尔默公司和美国宇航局都存在的管理漏洞和程序失察，致使在多年的加工和测试过程中如此巨大的一个失误被忽视了。

所幸，望远镜的主镜被错误地打磨得非常完美，平滑度只有几百个原子的误差。所以，就像一个近视或远视的人，可以设计一套从根本上进行矫正的眼镜，将望远镜的焦距调整得恰到好处。很快，波尔航空航天公司就开始设计一种称为"矫正光学空间望远镜轴向替换系统"（COSTAR）（见第21页）的新型仪器，用于矫正球面像差。因为哈勃望远镜被放置于低地球轨道上，其高度正好在航天飞机可以提供维修的范围之内。1993年12月，美国宇航局得以完成规划并随后用"奋进"号航天飞机搭载发射了COSTAR，这次任务为期10天，名为"维修任务1"（SM-1）。随后的测试显示这次维修任务取得了圆满成功：矫正后的图像和预期的一样清晰，哈勃望远镜最终得以达到最初设计的灵敏度和分辨率。

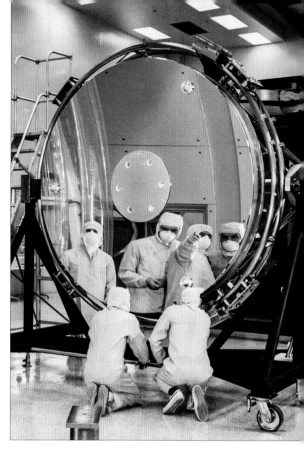

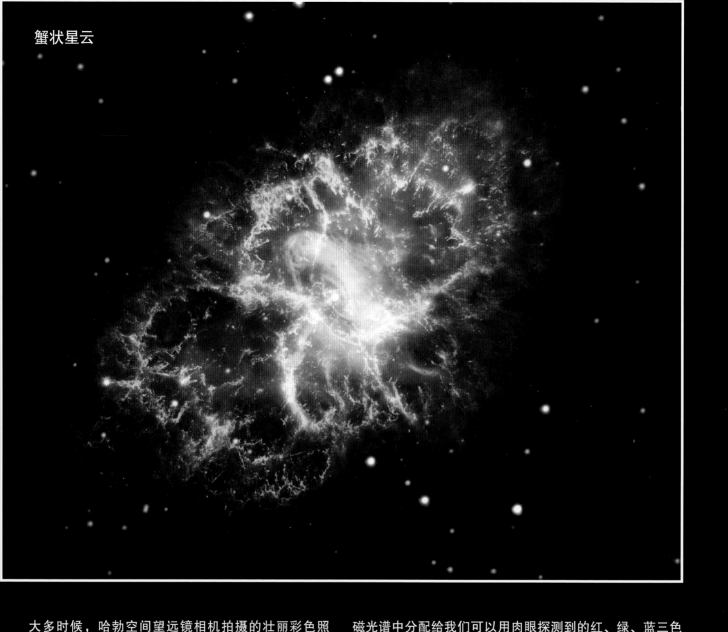

蟹状星云

　　大多时候，哈勃空间望远镜相机拍摄的壮丽彩色照片都不是"真彩色"（即我们肉眼所能看到的颜色），而是"假彩色"，用我们肉眼无法探测到的谱线颜色进行合成，再以我们能看到的颜色显示出来。在这里举个例子，闻名遐迩的蟹状星云有一个引人瞩目的假彩色合成照片，显示的是一颗邻近的大质量恒星在1054年发生爆炸后的残骸（见第109页）。这张合成照片是通过将地基和空基望远镜拍摄的不同图像（见右上的一张张单独照片）在电磁光谱中分配给我们可以用肉眼探测到的红、绿、蓝三色而形成的。光谱的不同部分提供了星云不同部分的信息：射电图像（甚大阵VLA）显示磁场信息；红外线图像（斯皮策空间望远镜）穿透更多的尘埃区域，显示最里面的结构；光学图像（哈勃空间望远镜）显示星云中的氢气；紫外线图像（Astro-1空间望远镜）显示的是更冷、更低能量的电子；X射线图像（钱德拉空间望远镜）则显示了蟹状星云中心部分高速旋转的脉冲星所产生的最高温电子。

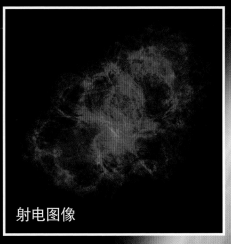

射电图像

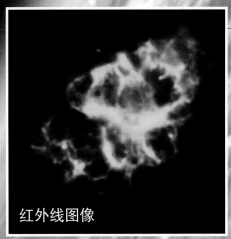

红外线图像

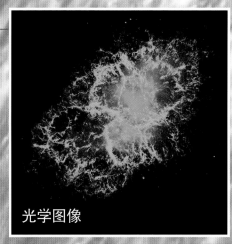

光学图像

紫外线图像

X射线图像

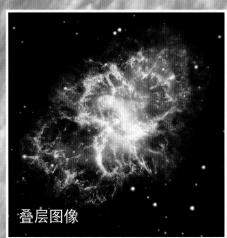

叠层图像

哈勃望远镜的仪器设备：一段历史

包括COSTAR在内，哈勃望远镜在其30年的寿命期限内使用了十几种不同的仪器设备，取得了令人叹为观止的科学成果。这架望远镜发射时最早带有5种仪器：

1. 一种由美国宇航局喷气推进实验室（JPL）制造的更高分辨率和更大视场的相机，它称为宽视场/行星相机（WFPC）。

2. 另一种被称为暗弱天体相机（FOC）的仪器，由欧洲空间局资助，对可观测到的最暗、最远的天体具有极高的灵敏度。

3. 一种被称为戈达德高分辨率摄谱仪（GHRS）的光谱仪，由美国宇航局的戈达德航天飞行中心开发建造。

4. 一种被称为暗弱天体摄谱仪（FOS）的光谱仪，由加利福尼亚

大学圣迭戈分校设计制造。

5. 一种被称为高速光度计（HSP）的仪器，由威斯康星大学开发制造，用于研究超新星爆炸和其他天体物理事件中快速的亮度变化。

在造访哈勃望远镜的5次航天飞机维修任务中，所有这些仪器最后都被更加先进、更能胜任工作的型号所取代（参见第25页"哈勃望远镜维修任务"）。

哈勃望远镜的遗产

毫不夸张地说，哈勃空间望远镜给现代天文科学带来了革命性的变化。哈勃望远镜使研究人员能够精准地确定宇宙的膨胀率，从而揭示了宇宙大爆炸很可能发生在137.99亿年前（正负差只有约2 000万年！）。哈勃望远镜通过收集迄今为止研究过的最暗淡、最遥远天体的光线，提供了研究星系起源和演化所需要的关键性数据，并一路追溯至宇宙生命早期形成的第一批星系。在哈勃望远镜30年的历史中，科学的和卓绝的发现比比皆是，不胜枚举：首次见识一颗行星围绕另一颗恒星的可见光图像；证明暗物质存在的、第一次也是迄今为止最精确的测量；捕捉到恒星诞生和死亡的细腻图像，无比壮观美丽；发现超大质量黑洞在宇宙中很常见；一项令人瞠目结舌的发现是，超巨大的能量在撞击事件中释放出来，比如1994年舒梅克–列维9号彗星撞击木星（见第40页和第41页）；对太阳系新的卫星、光环、小行星和彗星的发现和分析；等等。发现还在继续。这些发现以及其他一系列的重要发现勾勒出哈勃望远镜遗产的框架，在本书的记录中会予以重点阐述。

哈勃望远镜遗产的另一重要构成部分是它的责任心，某种程度上说，它重振了天文学和空间科学的广泛普及和公众参与，这并非虚言。每年有数百万人访问空间望远镜科学研究所（STScI）的网站，下载大量壮丽的高分辨率照片、海报和屏保。哈勃望远镜的数据每年都会以显著位置出现在美国宇航局和欧洲空间局的几十份新闻稿中，有数百家传统媒体和网络媒体收集和传播这些报道。好莱坞和国际电影电视艺术家，特别是科幻小说类的艺术家，经常使用哈勃望远镜的照片作为背景和剧情场景。在我看来，只要太空或夜空中发生任何有趣的事情，许多公众都希望与哈勃空间望远镜有关。经历了艰难的孕育期和令人愁烦的青年期之后，这台望远镜已经成长为一个获得巨大成功的"名人"。事实上，由于哈勃望远镜已经像英雄一样根植于我们集体主义文化和精神当中，我相信，对全世界数亿人来说，哈勃望远镜已经成为他们的望远镜，而不仅仅是美国和欧洲的。

哈勃望远镜是美国宇航局在1990年至2003年发射到太空的4个大型天文台之一，也是唯一一个专门设计主要在紫外和可见光波段观察宇宙的天文台。其他3个大型天文台分别是：康普顿伽马射线天文台，1991年搭乘"亚特兰蒂斯"号航天飞机升空，用于探测高能天体物理事件和过程；钱德拉X射线天文台，1999年搭乘"哥伦比亚"号航天飞机升空，用于研究能量较低的天体；斯皮策空间望远镜，2003年搭乘Delta–II火箭发射升空，经过优化后致力于研究天体发出的红外线（热）辐射。循哈勃望远镜模式，美国宇航局均以成就卓著的天文学家名字给这些天文台命名，这些天文学家在每个望远镜专属波长领域内都是开展宇宙研究的先驱者。以莱曼·斯皮策的名字给红外空间望远镜命名，同时认可了他通过长期奋斗，发挥特殊作用争取到美国和国际政府的投资，从而使这些名垂青史的天文台的建造和它们令人叹为观止的科学进展得以实现的贡献。

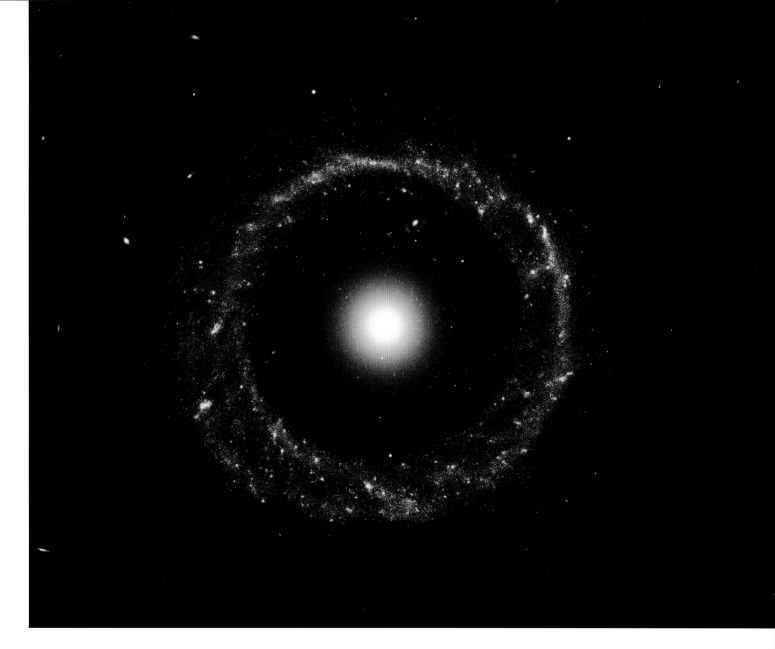

即使在望远镜本身最终停止运行，并按计划在"受控变轨"进入地球大气层期间（或许是21世纪20年代的某个时间）烧毁之后，哈勃望远镜的遗产仍将会存续很长时间。其遗产将包括数以千计的图像和其他数据集，它们经由位于马里兰州巴尔的摩的空间望远镜科学研究所的科学和工程人员处理并永久存档，这些人员均经验丰富、爱岗敬业。哈勃望远镜的惊艳图像和其他数据使我们对宇宙的看法发生了革命性的变化，随着对档案进行更深入的分析，还会有哪些新发现目前尚未可知。还有，空间望远镜科学研究所和世界各地其他类似运行中心获取的经验，也教会了我们如何在太空中控制和"飞行"大型望远镜。设计、建造、运行名为哈勃空间望远镜的这台令人惊叹的机器，并利用它取得众多发现的人，他们所积累的经验和专业知识也将在未来几十年中指导下一代天文学家建造新型的惊世空基天文台。

上图：在这张哈勃望远镜WFPC2照片中，一个由炽热的蓝色恒星风车组成的近乎完美的圆环，围绕着一个罕见星系PGC 54559的黄色核心，这就是霍格天体。

工程技术与历史

现代时光机

1990—2020年

第10页和第11页图：2009年5月，在"亚特兰蒂斯"号航天飞机的维修任务4（SM-4）期间，美国宇航局哈勃望远镜维修宇航员迈克尔·古德（照片前景，在航天飞机的机械臂上）帮助宇航员迈克尔·马西米诺（哈勃望远镜内部）准备更换望远镜的一些高灵敏度仪器。

下图和右图：ⓐ 为工程图，所示为哈勃空间望远镜的主要外部部件的细节；ⓑ 为分解图，所示为哈勃航天器的主要部件和子系统。

为什么要把望远镜放在太空？把它们建在地面上，或者建在远离城市灯光的高山顶上，不是更容易吗？世界上最大的望远镜远比哈勃空间望远镜大很多倍，那么后者这么"小"怎么可能与之相媲美呢？追溯至20世纪40年代，在第一次提出建造空间望远镜这一重大设想时，这些都是必须回答的精彩问题，也正是这些问题，在哈勃望远镜30年的历史中不断推动人们想去修理、维护和升级哈勃望远镜。

在过去的30年当中，虽然地基望远镜不断加大，并取得惊人的天文发现，但哈勃望远镜占据的几个专业"细分领域"为它继续观测提供了理由。例如，在地球上没有任何一台望远镜能够在紫外波段观察宇宙，导致我们无法了解大量的高能行星和天体物理的进程，而这些进程只能在这部分光谱中得以探测和研究。另一个例子是，哈勃望远镜远在地球大气层之上观测宇宙，不受粼粼闪烁的大气层的干扰，这使得它所拍摄的图像清晰而稳定，与地面上5倍大的望远镜相比，其分辨率和清晰度要高出10倍之多。

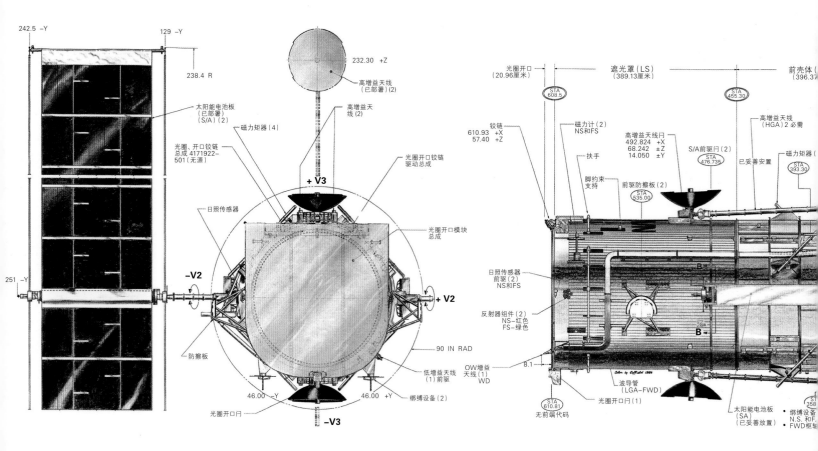

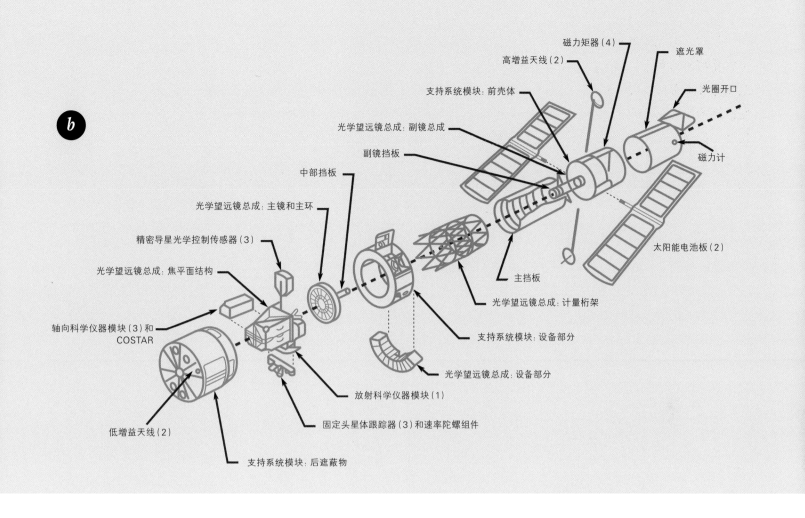

b

磁力矩器（4）
高增益天线（2）
遮光罩
光圈开口
支持系统模块：前壳体
光学望远镜总成：副镜总成
磁力计
副镜挡板
中部挡板
光学望远镜总成：主镜和主环
精密导星光学控制传感器（3）
光学望远镜总成：焦平面结构
太阳能电池板（2）
主挡板
轴向科学仪器模块（3）和
COSTAR
光学望远镜总成：计量桁架
支持系统模块：设备部分
光学望远镜总成：设备部分
放射科学仪器模块（1）
低增益天线（2）
固定头星体跟踪器（3）和速率陀螺组件
支持系统模块：后遮蔽物

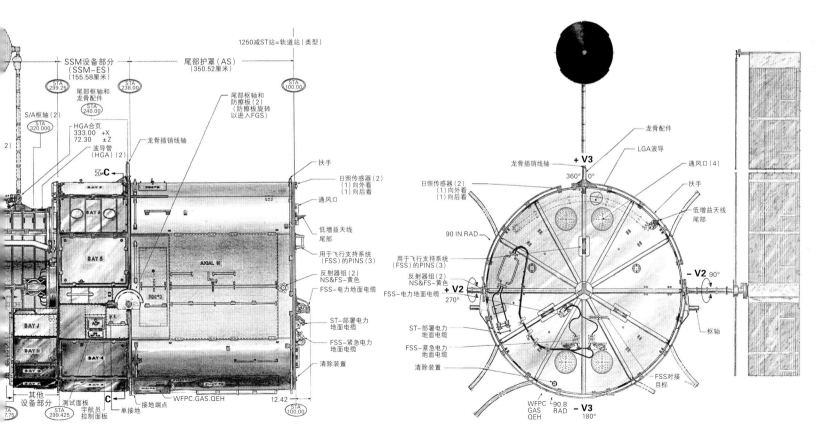

不过，哈勃望远镜最重要的专长是在时间维度里，它比人类制造出来的其他任何机器都看得更远，这一能力已得到证实。因为光速是有限的，根据定义，眺望太空就意味着回望过去（例如，太阳光到达我们地球的时候已经过了8.5分钟，从离太阳最近的恒星发出的光显示的是半人马座比邻星4.2年前的样子，而我们看到的仙女座星系则是200多万年前的样子）。哈勃望远镜能够在完全没有云层、雾霾或城市灯光干扰的情况下，连续数天或数周盯着天空中的小块区域，这使我们能够回顾并看到过去数十亿年前的星系，那时的宇宙可能只有几亿年的历史，而且比现在小得多。

　　当然，哈勃空间望远镜也有能力对行星、恒星、星系和其他天体进行常规研究，从它们最初的几亿年前到现在的样子，望远镜的这种能力提供了一种记录整个宇宙的起源及其随着时间发生的演化的方法。事实上，如果你有一台时光机，这不正是你使用它的目的吗？

下图：部分望远镜、部分航天器，这张计算机制作的哈勃望远镜视图展示了组成这所最著名的美国宇航局大型空间天文台的许多部件和子系统。

右图：2009年5月，宇航员在维修任务4（SM-4）期间对望远镜进行维修和升级，当时望远镜被放置在航天飞机的货舱中，图示为从"亚特兰蒂斯"号航天飞机内部看哈勃望远镜太阳能电池板背面（在较低视窗中）。

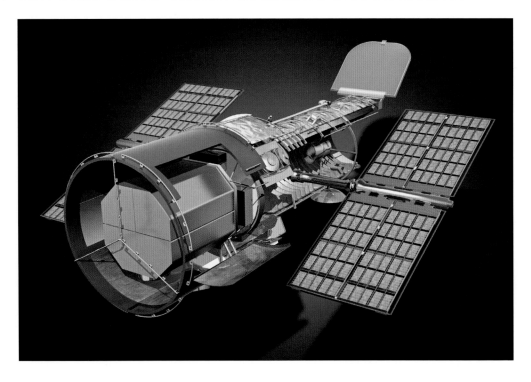

发射和部署！

1990年4月

哈勃空间望远镜的发射和维修均由美国宇航局的航天飞机来完成。其实，望远镜主镜的最大尺寸就由航天飞机货舱的宽度来决定，望远镜在太空飞行时必须装入货舱。在望远镜建造近13年后，航天飞机计划终于从1986年"挑战者"号惨败中恢复元气，哈勃望远镜于1990年4月24日升空至距地球612千米的轨道。STS-31（实际上是第三十五次航天飞机发射任务）的5名机组人员由洛伦·施赖弗指挥，小查尔斯·博尔登驾驶，博尔登后来于2009年至2017年出任美国宇航局局长。1990年的这次发射标志着当时航天飞机项目到达的最高轨道。

一旦飞行高度达到可以最大限度地延长望远镜寿命的高度，这个高度位于绝大多数的地球大气阻力之上，特派专家布鲁斯·麦坎德莱斯（飞行员）、史蒂文·霍利（天文学家）、凯瑟琳·沙利文（地质学家）便启动了将哈勃望远镜从航天飞机上推放出去的流程。流程包括用航天飞机的加拿大机械臂（Canadarm）进行棘手的复杂操作，以期将望远镜从货舱中推放出去。在某个地方，天文台的太阳能电池板在展开时卡住了，迫使麦坎德莱斯和沙利文穿戴好宇航服，准备通过可能的舱外活动（EVA，或太空行走）来展开它们，所幸地面控制人员后来在无须实施存在潜在危险的舱外活动的情况下展开了电池板。

部署哈勃望远镜是航天飞机的主要任务，但它还携带了几个附属装备，并在望远镜成功推放后进行了一些其他实验。其中两个额外的附属装备就包括一个超高分辨率宽屏相机，这台相机拍摄了部署哈勃望远镜的精彩电影报道，其中许多内容出现在1994年的电影《宇宙之心》当中。"发现"号在为期5天的任务中沿地球轨道飞行了80圈，这是"发现"号第十次进入太空航行，之后便于1990年4月29日安全降落在加利福尼亚州的爱德华兹空军基地。

右图：1990年4月24日，"发现"号航天飞机搭载着哈勃空间望远镜发射升空，进入距地球612千米的轨道。

插图："发现"号航天飞机宇航员史蒂文·霍利、凯瑟琳·沙利文、布鲁斯·麦坎德莱斯、小查尔斯·博尔登和洛伦·施赖弗（由左至右），在休斯敦美国宇航局的约翰逊航天中心留影，面前是一个他们一个月之后将要帮助在太空中部署的那个望远镜的模型。

右图：这张宽屏照片拍摄于1990年4月25日，宇航员将哈勃空间望远镜从航天飞机的货舱中推放出去后，哈勃空间望远镜的前镜头盖反射出下面的海洋和云层。

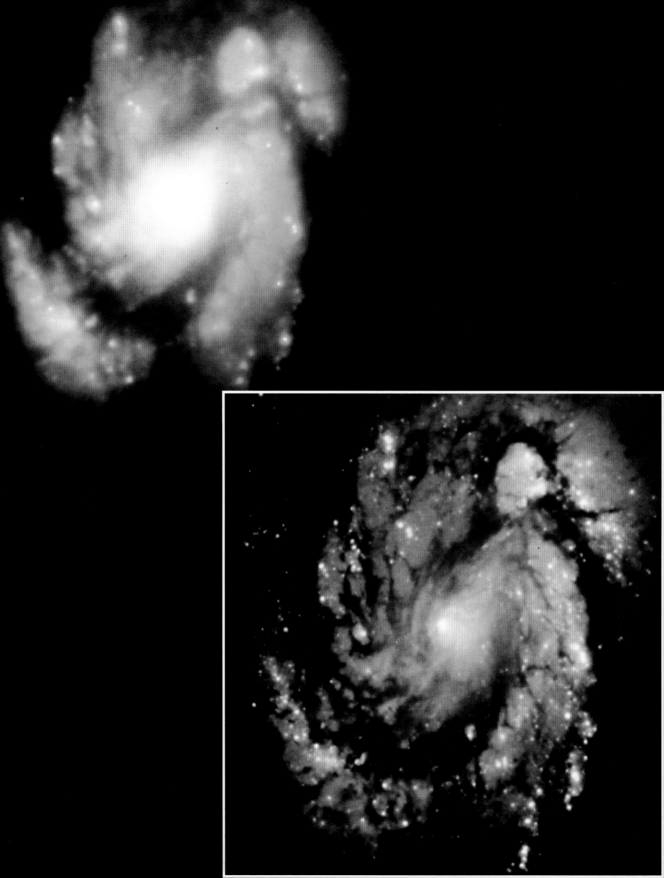

给哈勃望远镜"戴眼镜"

1993年12月

令美国宇航局和全球天文学界震惊和沮丧的是，直径为2.4米的哈勃空间望远镜主镜有一个重大工程技术缺陷——它被研磨成错误的形状，无法正确聚焦。1990年，从新望远镜返回的第一批图像显示的是模糊不清的恒星和星系，尽管望远镜凭借太空平台仍能获得一些有用的科学成果，但哈勃望远镜失焦的事实是一个重大工程技术错误，也是美国宇航局的一场公关噩梦。

幸运的是，尽管主镜被磨成了错误的形状，但它却是完美地被磨成了错误的形状。也就是说，设计一个矫正镜头把图像调整到正确的焦距是件并不复杂的事情。给哈勃望远镜安装"眼镜"的工作任务，于1993年底落到"奋进"号航天飞

机机组人员的肩上，美国宇航局称之为维修任务1或SM-1。工程师们花了数年时间设计和制造了一个称为COSTAR的仪器，即矫正光学空间望远镜轴向替换系统，机组人员将用它来替换原来的仪器，这样望远镜的镜面和镜头最后就都可以正确聚焦了。

1993年12月2日"奋进"号发射升空，搭载了COSTAR、另一种替换仪器第二代宽视场/行星相机（WFPC2），以及包括指挥官理查德·科维和飞行员肯尼斯·鲍尔索克斯在内的7名机组宇航员。"奋进"号的4名特派专家——宇航员托马斯·阿克斯、杰弗里·霍夫曼、斯托里·马斯格雷夫和凯瑟琳·桑顿，将两人一组连续地轮流进行5次太空行走，以便安装COSTAR和WFPC2，并维修哈勃望远镜的其他几个关键系统，而欧洲空间局的第一位瑞士宇航员克劳德·尼科利尔则负责控制航天飞机的机械臂。

这次任务取得了惊人的成功，用新的COSTAR系统拍摄的照片显示，望远镜终于达到了当初设计的分辨率和清晰度。决定将哈勃望远镜部署在离地球较近的地方（而不是更远的较暗的地方）意味着航天飞机机组人员可以拯救它。现在，世界上第一台大型空间望远镜的全部功能都可以用来实现伟大的科学成就。

红外眼

　　"发现"号航天飞机于1990年发射升空后，在它第二十二次飞上太空，也是第一次返回天文台时，搭载着由7名宇航员组成的机组，前往哈勃空间望远镜执行美国宇航局的第二次维修任务（简称SM-2）。望远镜当时快7岁了，许多电子设备和其他系统在恶劣的太空环境中出现了磨损和破损。此外，成像和光谱学技术（像棱镜那样将光分解成组成它的颜色）的进步意味着可以用更灵敏和功能更强大的新仪器取代一些原有仪器。这些新仪器将使哈勃望远镜能够探测到更暗的物体（能在时间上往回看得更远），并能更好地测定它们的组成。

　　"发现"号STS-82任务的机组人员由肯尼斯·鲍尔索克斯（这是他第二次飞往哈勃望远镜）指挥，斯科特·霍洛维茨驾驶。4位特派专家格雷戈里·哈博、马克·李、史蒂文·史密斯和约瑟夫·坦纳将按照计划两人一组进行4次太空行走，以安装设备近红外相机和多目标光谱仪（NICMOS）及空间望远镜成像光谱仪，并维修和升级其他关键系统，而史蒂文·霍利（他于1990年搭乘"发现"号回来领导部署望远镜）这时则在航天飞机内部操作加拿大机械臂。在机组人员进行的至关重要的设备维修和更换工作中，有一项是将出现故障的磁带录音机数据存储系统更换成容量更大的固态硬盘（就像现代计算机上的硬盘一样）；另一项是更换4个反作用轮

上图：1997年2月执行STS-82任务时，"发现"号航天飞机宇航员约瑟夫·坦纳（图片前景）和格雷戈里·哈博（图片后景）把"加拿大机械臂"当作"移动升降台"在替换哈勃望远镜电子和仪器系统的关键部件。

右图：1997年2月，在结束"发现"号航天飞机第二次维修任务（SM-2）后，哈勃望远镜被从货舱推放出来，在距离地球540千米的高空中自由飘浮。

SM-1 · 1993年12月2—13日:

HSP被COSTAR替换，WFPC被称为WFPC2的更高分辨率JPL相机替换。

SM-2 · 1997年2月11—21日:

"发现"号航天飞机的机组人员用被称为空间望远镜成像光谱仪的另一个GSFC光谱仪替换了GHRS，还用亚利桑那大学设计的一种被称为近红外相机和多目标光谱仪的仪器替换了FOS。设备升级为哈勃望远镜提供了更强大的成像能力，并将望远镜的灵敏度范围扩展到了红外波段。

SM-3A · 1999年12月19—27日:

"发现"号航天飞机的机组人员更换了老化的陀螺仪，并安装了一台新的运行速度更快的主计算机。

SM-3B · 2002年3月1—12日:

"哥伦比亚"号航天飞机的机组人员安装了一台由约翰斯·霍普金斯大学领衔研发的名为高端巡天相机的新相机。ACS使用3个独立的传感器来捕捉光谱中从紫外到近红外部分的图像，其灵敏度比哈勃望远镜先前用于对极微弱天体成像的相机高出10倍。

SM-4 · 2009年5月11—24日:

最后的维修任务由"亚特兰蒂斯"号航天飞机的机组人员实施，包括更换和升级日趋老化的电池和计算机，以及安装两个新系统——JPL的WFC3（用更先进的功能取代WFPC2）和科罗拉多大学的宇宙起源光谱仪（COS），其中包括一个升级的矫正镜头系统，替换了COSTAR。作为给哈勃望远镜安排的最后一次维修任务，SM-4旨在使它尽可能长久地运行，希望能够在美国宇航局的替换任务，也就是正在建造和测试中的詹姆斯·韦布空间望远镜（参见第190页）可以升空工作之前，尽可能避免观测能力的间断。

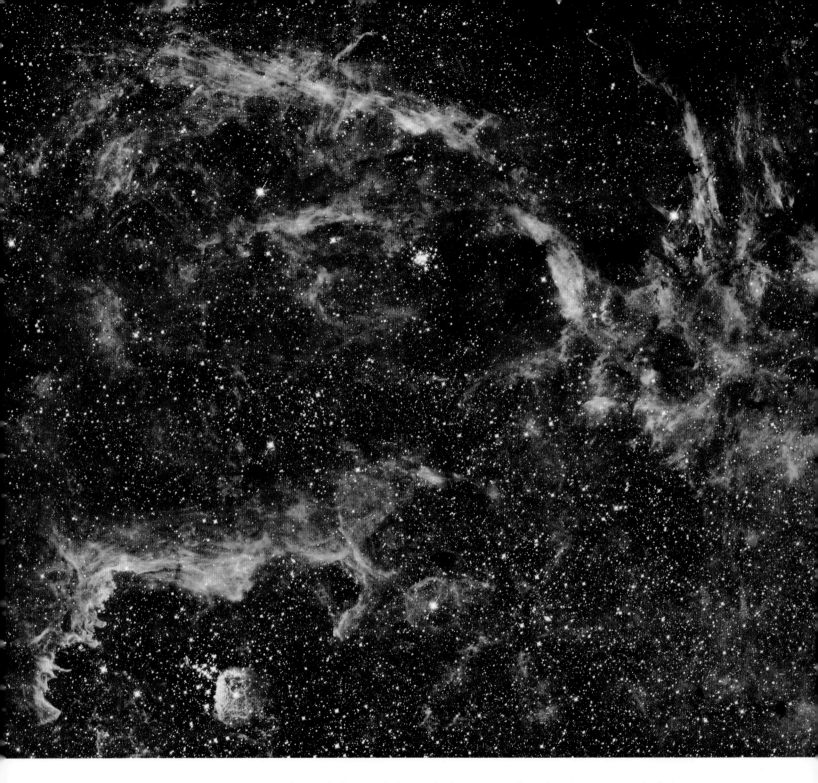

中的1个，这将帮助天文台一直指向远处的研究对象，但这一项没有成功。

在第二次太空行走中，宇航员格雷戈里·哈博和约瑟夫·坦纳注意到哈勃望远镜的隔热保护层由于持续暴露在严酷的阳光和太空辐射下而出现开裂和磨损，恰巧机组人员从地球上多带了一些绝缘材料，宇航员马克·李和史蒂文·史密斯被指派执行计划外的第五次太空行走，更换关键电子设备和仪器周边的绝缘材料，以期延长这些系统的寿命。

宇航员们还利用"发现"号的助推器提升了哈勃望远镜的轨道，后者正从最初部署的位置缓慢地螺旋式向地球靠近。通过减少造成像哈勃望远镜这样的卫星轨道慢慢地螺旋下降的大气摩擦的影响，进一步延长了哈勃望远镜的寿命。在完成了绕地球轨道飞行近150圈、在航天飞机外花费33小时多的时间维修和更换哈勃望远镜的部件之后，"发现"号的机组成员于1997年2月21日返回地球。

上图：这张银河系中心区域大质量恒星和热电离气体的假彩色照片，由NICMOS相机（1997年由SM-2宇航员安装在哈勃望远镜上）拍摄的红外线图像与斯皮策空间望远镜拍摄的其他红外线图像合并而成。

大脑移植

1999年12月

美国宇航局原计划于2000年6月前往哈勃空间望远镜，但在1997年至1999年，哈勃望远镜的6个陀螺仪中有3个出现故障，这些陀螺仪能够为精确瞄准天文台提供精准的制导和指向。虽然只要有3个陀螺仪，哈勃望远镜就能运行，但如果再有一个出现故障，那么在组织开展维修任务前望远镜将不得不关闭。为了防患于未然，美国宇航局决定尽快安排第三次维修任务中的第一部分，即SM-3A，以更换出现故障的陀螺仪。

1999年12月20日，"发现"号航天飞机升空执行第三次任务，重点是哈勃望远镜，这也是它的第二十七次太空旅行。STS-103的7名机组成员包括指挥官柯蒂斯·布朗、飞行员斯科特·凯利和5名特派专家，其中4人——迈克尔·福莱、约翰·M.格伦斯菲尔德、克劳德·尼科利尔和史蒂文·史密斯在航天飞机货舱外的3次太空行走中两人一组从事维修工作，而第五人让-弗朗索瓦·克莱沃伊则控制加拿大机械臂以捕捉和操纵望远镜，同时协助宇航员。这些宇航员在航天飞机外总共花了24小时多的时间完成哈勃望远镜的维修工作。

宇航员们把哈勃望远镜的6个陀螺仪全部更换为新设计的型号，预计这些新型陀螺仪的寿命将比它们的前任更长。此外，机组人员还更换了3个精密导星传感器（FGS）的单元探测器中的1个，这3个探测器通过将系统非常精确地锁定在天空中已知位置的特定导星网络上，使望远镜稳定地指向目标。从某种意义上说，FGS也是一种科学仪器，因为它可以监测在一段时间内恒星相对于彼此的运动，或者由任何绕恒星转动的行星的轻微引力拖拽而导致的恒星在运动中的摇摆。

除了更换其他一些电子元件和望远镜的一些外部绝缘材料，STS-103的宇航员还对哈勃望远镜进行了大脑移植，用一台速度快20多倍、6倍于机载存储容量的新型计算机替换了天文台里老化的20世纪80年代的计算机。凭借更快的处理能力和扩容的内存，升级后的哈勃望远镜在每次观测过程中能够收集更多的数据、运行更复杂的软件，还可以探测到和减少仪器或望远镜的异常现象，同时大大简化了数据处理工作，而这些工作以前一直是地面操控人员的沉重负担。

实力展现

2002年3月

针对哈勃空间望远镜的第四次航天飞机飞行任务，实际上是原定于2000年6月进行的第三次维修任务的第二部分（参见第29页）。然而，天文台的3个陀螺仪提前出现故障促使美国宇航局比原计划提前组织安排了第三次任务，即SM-3A，把剩余的原定工作任务（SM-3B）留给了"哥伦比亚"号航天飞机的机组人员来完成。

2002年3月1日，由7名宇航员组成的工作机组在斯科特·奥尔特曼指挥下，搭乘"哥伦比亚"号航天飞机从肯尼迪航天中心发射升空，飞行员是杜安·凯里，有5名特派专家专门负责维修哈勃望远镜。按照早期维修任务建立的已知模式，SM-3B任务特派专家包括两对宇航员，他们在此次任务的5次太空行走中轮流换班（第一、三、五次太空行走的是约翰·M.格伦斯菲尔德和理查德·林纳汉，第二、四次太空行走的是詹姆斯·纽曼和迈克尔·马西米诺），而特派专家南希·柯里则在"哥伦比亚"号内部操控加拿大机械臂。

机组人员在执行任务期间用新品更换了老化的天文台太阳能电池板和电源控制单元，使电力供应比以前提高30%以上，从而能够运行更长时间，以容纳未来功能更强大的仪器。作为任务的一部分，工作人员还更换了暗弱天体相机，这是哈勃望远镜1990年初始仪器中的最后一个。代表哈勃望远镜重大进步的、具有更强大功能的新成像系统被称为高端巡天相机（ACS），它提供了3个独立的传感器，用以捕捉光谱中从紫外到近红外的部分。ACS对以前无法探测到的天体（比如宇宙早期形成的星系）的成像灵敏度提高了10倍。像哈勃望远镜超深场（参见第182页）这样壮丽的长时间曝光图像验证了这一新功能。升级至ACS把哈勃望远镜的探测范围延展到更久远的过去时光，从而将再一次彻底改变哈勃望远镜的科学探索潜力。

在近36小时的太空行走中，宇航员们还完成了一项额外工作，那就是恢复了近红外相机和多目标光谱仪（NICMOS）这架仪器。最初NICMOS是在1997年的SM-2期间安装的，通过使用一块固态的氮冰把探测器冷却到绝对零度以上60摄氏度左右，以在红外波段进行观测。但是随着时间的推移，那块氮冰蒸发了，使NICMOS的敏感度大大降低。然而，"哥伦比亚"号宇航员在仪器中安装的新型制冷机使NICMOS复活了，从而使哈勃望远镜的高质量红外成像功能得以修复。事实证明，这一功能对于研究稠密的气体和尘埃的星云状云层特别有用，它们内部对可见光不透明，但对红外光却相对透明。

右图：2002年3月，在执行哈勃望远镜维修任务3B（SM-3B）过程中，"哥伦比亚"号航天机组工作人员成功地运送并安装了新的太阳能电池板。图中可见的新太阳能电池板在拿出来安装到望远镜上之前一直折叠存放在航天飞机的货舱内。

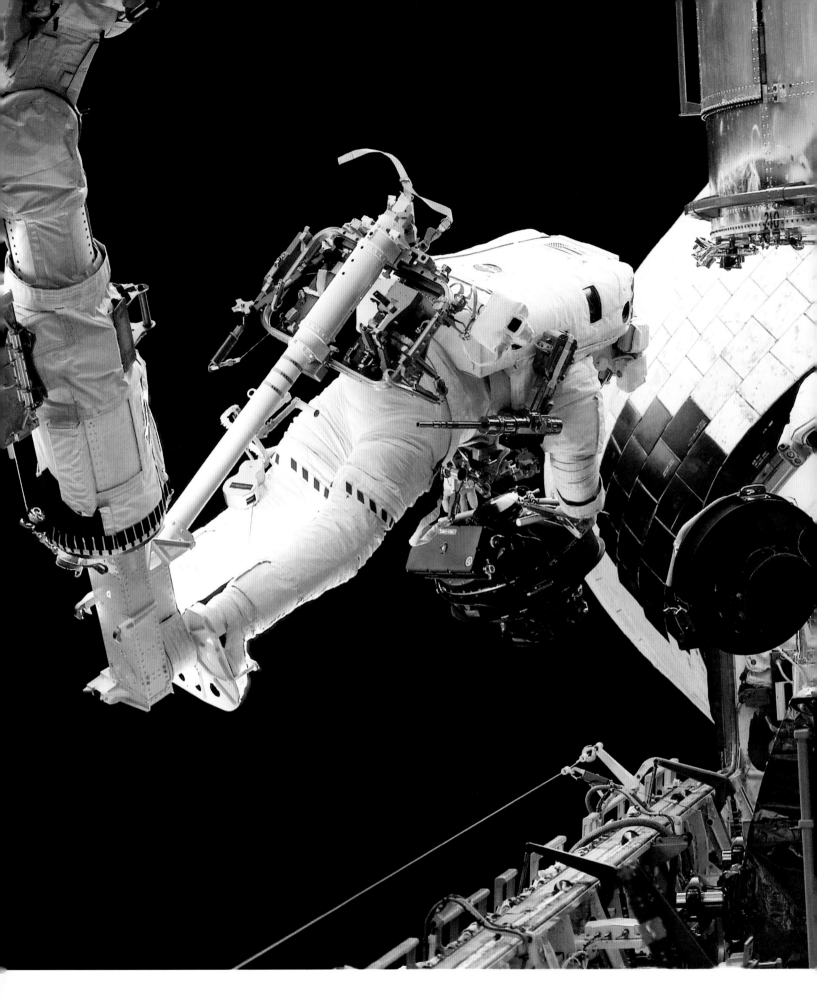

左图：在执行STS-109任务的第二次太空行走中，"哥伦比亚"号航天飞机宇航员迈克尔·马西米诺（骑乘加拿大机械臂）和詹姆斯·纽曼（图像后景）正在更换哈勃空间望远镜的一个反作用轮组件。

最后一次调试

2009年5月

接下来的哈勃望远镜维修时间定于2005年2月，但2003年痛失"哥伦比亚"号航天飞机和机组人员导致美国宇航局取消了后来所有的哈勃望远镜维修任务。由于公众和国会强烈要求尽可能长时间地留存哈勃望远镜，直到后续的詹姆斯·韦布空间望远镜（JWST）能于21世纪20年代初完成部署，美国宇航局最终改变了决定，计划于2009年5月实施完成第五次也是最后一次维修任务，即SM-4。

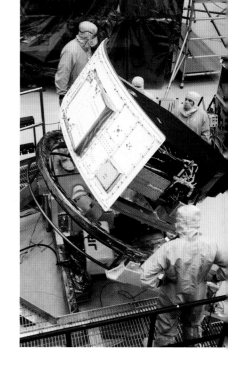

"亚特兰蒂斯"号航天飞机搭载着7名宇航员返回哈勃望远镜，机组成员包括物理学家约翰·M.格伦斯菲尔德，他是第三次飞往望远镜执行任务（参见第xiii页）。STS-125由斯科特·奥尔特曼指挥，格雷戈里·约翰逊驾驶，除格伦斯菲尔德外，另外3名特派专家安德鲁·弗伊斯特尔、迈克尔·古德和迈克尔·马西米诺在此次任务包含的5次太空行走中轮流工作，还有操作加拿大机械臂的特派专家梅根·麦克阿瑟。这次任务将是"亚特兰蒂斯"号的第三十次太空之旅，也是所有航天飞机不再前往国际空间站之前的最后一次飞行。

SM-4的主要目标是将WFPC2更换为新的第三代宽视场相机（WFC3），并安装宇宙起源光谱仪（COS），用来取代COSTAR，因为所有较新的哈勃望远镜仪器现在都内置了矫正镜头。其他升级还包括更换另一个精密导星传感器，安装新电池、6个新陀螺仪，替换一些出现故障的电子元件，以及维修其他一些仪器。与早期仪器相比，COS和WFC3将再次显著提高哈勃望远镜的灵敏度，通过将观测范围扩展至在更久远的过去形成的更暗、更遥远的星系，使这个天文台在天基天文发现领域的领先地位得以保持。此外，宇航员们还在望远镜底部安装了一个名为软捕获与交会系统的机械装置，以便后来的机器人或载人飞行器能够更容易地抓住望远镜，并帮助引导它在可控条件下最终重返大气层。

SM-4是航天飞机全部135次任务中的第一百二十六次，也是最后一次访问哈勃望远镜的航天飞机任务，因为航天飞机编队在2011年退役。"亚特兰蒂斯"号机组的部分遗产可帮助哈勃望远镜在未来10年或更长时间内有效运行，直到JWST投入运行。从这个意义上说，SM-4取得了极大的成功：及至2019年，距离航天飞机的最后一次造访已经过去了10年，哈勃望远镜仍在继续收集令人惊喜不已的图像和其他数据集，使令人叹为观止的天文发现得以继续。

左图：这幅美妙绝伦的图景是船底座星云的一部分，显示的是由气体和尘埃组成的巨大恒星形成柱和所谓的"赫比格-阿罗天体"（参见第96页）流出高温气体间歇泉的景象。这张假彩色合成图像来自WFC3仪器中的多色滤光片，WFC3仪器由SM-4宇航员于2009年安装在哈勃望远镜上。

右上图：2009年，在哈勃望远镜的新WFC3仪器搭乘"亚特兰蒂斯"号航天飞机发射之前，位于佛罗里达州卡纳维拉尔角的美国宇航局肯尼迪航天中心的技术人员正在对它进行检查。

第36页和第37页图：哈勃望远镜WFC3拍摄的一部分面纱星云的假彩色照片，面纱星云是著名的超新星残骸——天鹅圈的外壳，位于天鹅座，距离地球1 500光年。

科学发现

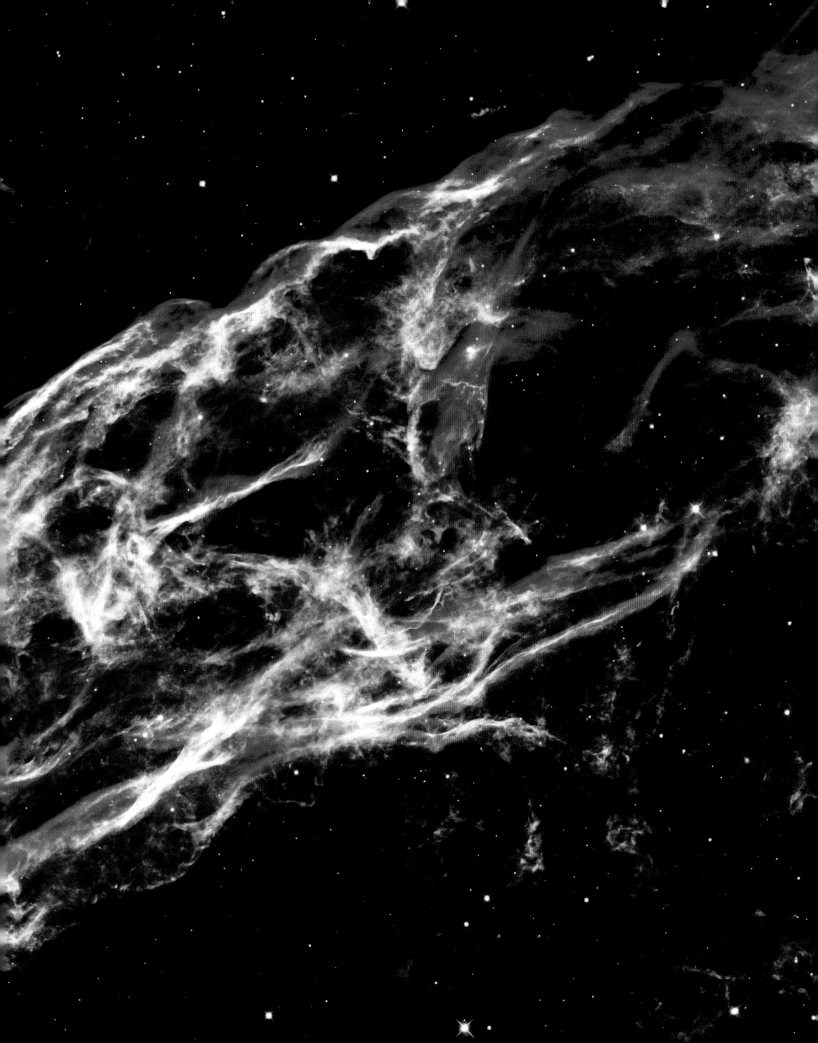

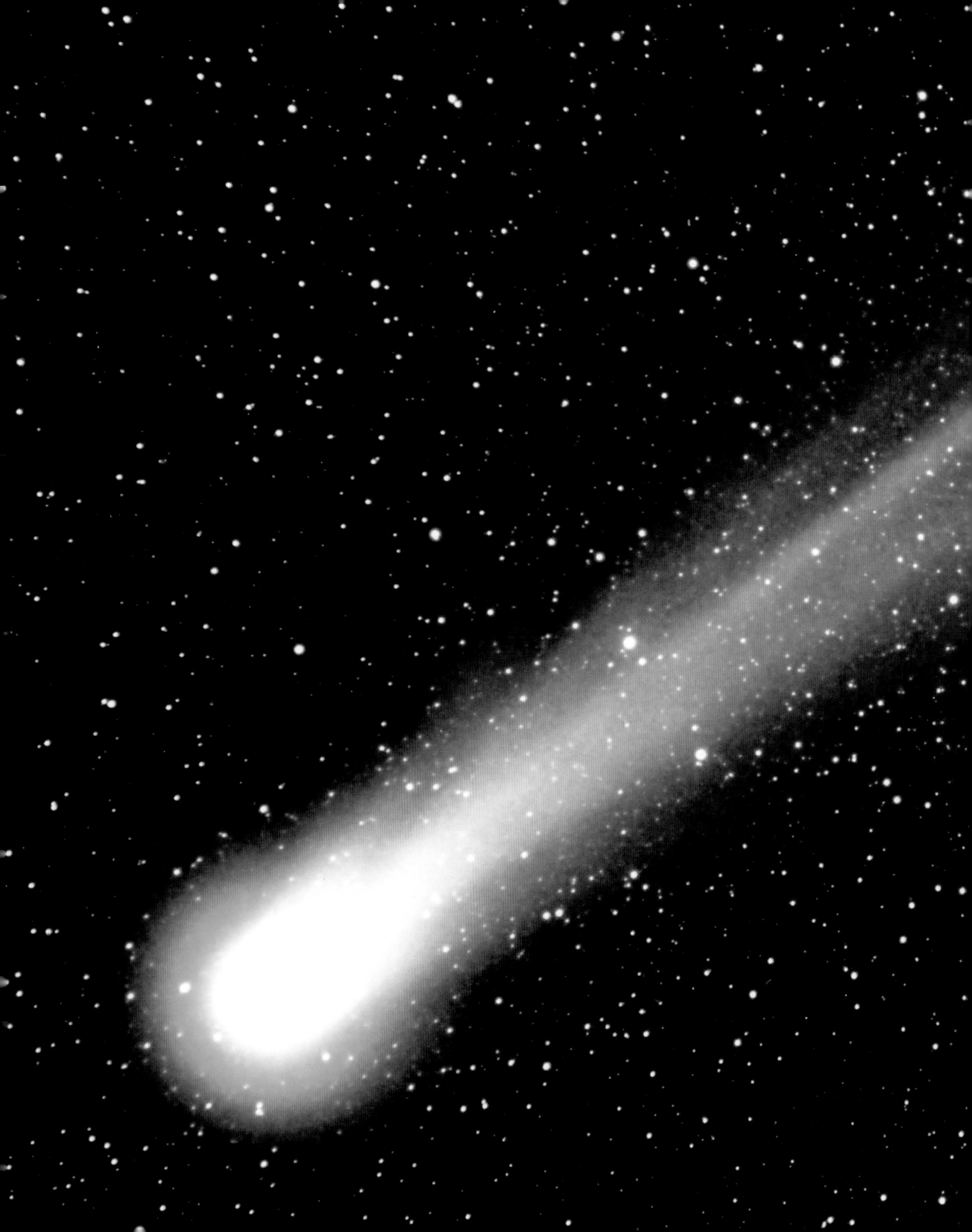

太 阳 系

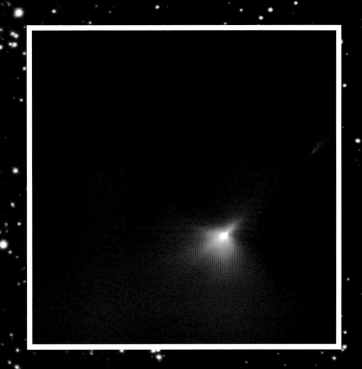

"珍珠串"

1993年10月

我们不必看得比我们自己的月球更远，就能知道太阳系曾经是一个充满暴力的地方。月球的表面保存了数百万个大型的小行星和彗星撞击时留下的古老疤痕。我们在整个太阳系的其他行星上、岩石卫星上和冰卫星上，甚至在小行星和彗星自己身上，都能看到有同样撞击痕迹的表面。但是现在大的撞击很罕见，所以如果天文学家提前得知大撞击即将来临，那可真是千载难逢的机会。

1993年春天就有过这样的一次机会，卡罗琳·舒梅克、尤金·舒梅克和大卫·列维的观测小组发现了一颗奇特的彗星，这是他们发现的第九颗周期彗星，因此他们称之为舒梅克－列维9号（SL-9）。然而，与有着单一明亮的彗头或者彗核（彗星的固态冰或岩石部分，通常环绕着一团弥散的水汽云）并拖着一条长长的尘埃彗尾的典型彗星不同，SL-9有多个亮点和一条从亮点之间穿过的模糊的拉长的"尾巴"。后来其他天文学家的轨道跟踪显示，这颗彗星实际上位于绕着木星而不是太阳公转的周期为2年的轨道上。SL-9的细长特征显然是一颗单一的大彗星在之前与木星的

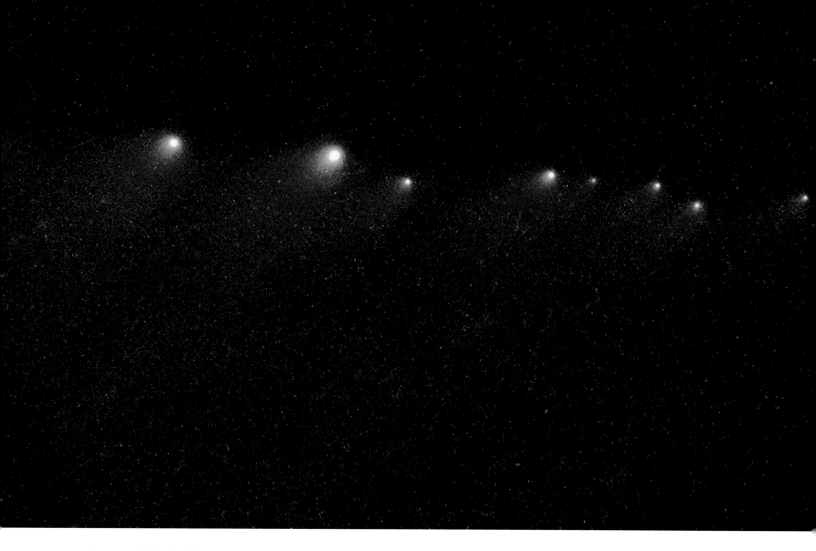

一次近距离接触中被撕裂的结果。令人震惊的是，天文学家们意识到，SL-9的这列迷你彗星"火车"将于1994年7月一头撞入太阳系最大行星的多云大气层！这是历史上第一次能够提前预测太阳系内的大型撞击事件。

世界各地的天文学家和望远镜都被这千年一遇的天文事件动员了起来。当然，这意味着哈勃望远镜也必须参与其中。尽管还在使用不能聚焦的1990年的最初设备，1993年下半年的哈勃望远镜图像和其他数据仍然揭示了很快就会撞上木星的著名的SL-9"珍珠串"的结构、组成和运动细节。1994年初，在宇航员给望远镜安装上COSTAR矫正光学系统（见第5页）之后，所获得的SL-9图像和其他数据就变得更好了。

哈勃望远镜拍摄的SL-9彗星图像显示，这个彗星队伍中至少有20块大碎片，虽然在某种绝对意义上可能很小，但较大块的碎片估计有平均的彗核的大小。在地基望远镜和早期哈勃望远镜图像中，有几个看起来像弥漫的明亮团块一样的核，在经过COSTAR矫正过的哈勃望远镜图像中发现它们是多个靠在一起运动的小核。哈勃望远镜拍摄的照片让公众和专业人士对1994年夏天即将到来的"木星"烟花兴奋不已。

上图：这是著名的"珍珠串"图像，在这里，所有的舒梅克-列维9号彗星的碎片都可以看见。

撞击木星

1994年7月

尽管舒梅克–列维9号彗星的碎片（参见第40页和第41页的"珍珠串"）与木星相比微不足道，但一些天文学家和行星科学家认为，当它们在1994年撞击木星时，很可能会对大气造成剧烈的扰动，因为它们前进的速度非常快。这些宽度为英里（1英里≈1.61千米）量级的巨大冰块和岩石以每小时21.6万千米的速度冲击木星云层的顶端，释放出的能量相当于全世界所有核弹破坏力总和的数千倍。

但另外一些天文学家对此持怀疑态度，他们预测，大部分低密度的、脆弱的、以冰为主的碎片会在木星厚厚的云层下面破碎并蒸发，不会对木星造成伤害。这个阵营中的一些天文学家将矛头指向1908年的通古斯撞击事件，当时可能是一个脆弱的低密度彗核在西伯利亚上方的高空爆炸，产生的冲击波将树木夷为平地，但没有造成明显的表面撞击坑。

当然，哈勃望远镜在这场演出中有一个前排座位，它可是世界上分辨率最高的天文台，当时的成像和光谱探测能力远远超过了地面观测者。全世界的天文学家都在撞击事件期间和之后，竞相使用哈勃望远镜收集图像和其他数据。

7月16日至22日，当SL–9的碎片一个接一个地撞向这颗巨大行星的云层顶部时，观测者直接或间接地观察到在木星上21起明显的撞击事件。撞击本身实际上发生在木星背对地球的一侧，所以天文学家们并没有指望能直接看到它们，而是希望在撞击点转到视野里时观察它们的后续情况（木星大约每10小时转一圈）。令人惊讶的是，哈勃望远镜和地基望远镜在好多次撞击中观测到庞大而剧烈的火球爆炸从木星边缘高高地升起，远远超出大多数人的预期。

撞击的后遗症同样令人震惊。巨大的半圆形黑点——有些比地球还大——出现在撞击点的位置上，被认为是由彗星物质的蒸发和扩散造成的，也可能是由来自更深层大气中含碳和硫的分子疏浚而出所造成的。木星撞击留下的疤痕是如此巨大，以至于即使用小型望远镜也能看到，这些疤痕在这颗巨大的行星上持续留存数月后才最终消失。

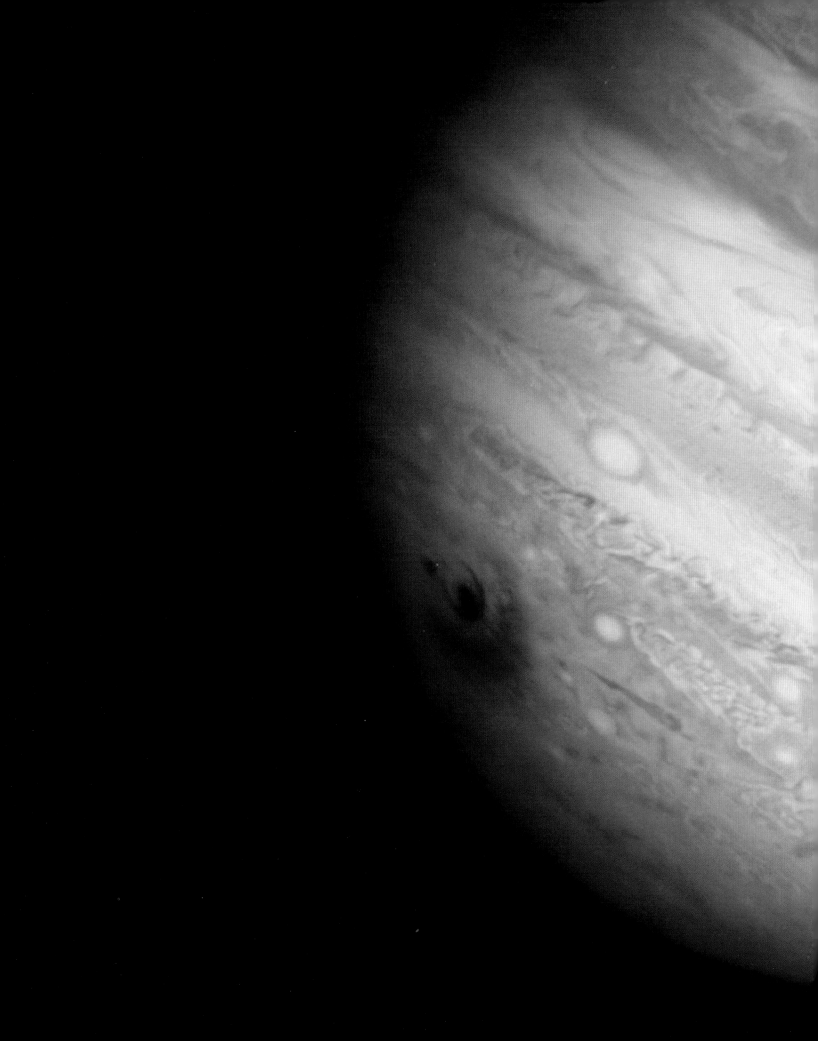

隐藏的金星

1995年1月

哈勃空间望远镜的仪器和系统经过优化可以观测光线极其微弱和距离极其遥远的天体，这就意味着操作望远镜的团队必须能够避开来自非常邻近的明亮天体（如太阳、地球和月球）相对更强烈的光线，因为这些光线会照进望远镜中，并损坏它非常敏感的探测器。因此，在这些明亮天体周围建立了明确的"禁区"，并开发了软件和其他系统，以防止望远镜超过特定的"规避角度"而指向它们。

哈勃望远镜避开太阳的角度约为50度，这意味着望远镜不能指向天空中与太阳在这个角距离之内的任何物体。例如，离太阳最近的行星水星，从地球附近看，与太阳的夹角永远不会超过28度，因此哈勃望远镜永远无法观测到水星。金星，离太阳第二近的行星，在天空中也总是相对接近太阳，但它和太阳的最大角距离（也被称为"最大距角"）差不多是47度，眼看就要接近哈勃望远镜名义上的50度极限！

金星的最大距角确实非常接近哈勃望远镜的允许观测条件，因此行星科学家呼吁空间望远镜科学研究所稍加宽免，让望远镜对金星进行独特的、科学上非常有意思的紫外观测。1995年1月，研究所实现了他们的愿望——哈勃望远镜拍摄了一些绝佳的金星紫外线图像和光谱（一个物体的光被分解成数百种不同颜色后的光强度图）。

行星大气科学家利用哈勃望远镜的紫外数据估算了金星云层顶端的二氧化硫（SO_2）含量，这是地基望远镜无法收集到的数据。但是，自20世纪70年代末到90年代初，一个比较小也比较老旧的被称为国际紫外探测器（IUE）的空间望远镜，以及美国宇航局的"金星先锋"号轨道飞行器，一直都在做这件事。奇怪的是，自早期观测以来二氧化硫看似在不断减少，这使得一些天文学家认为，也许我们观察到的是由金星表面一座或多座活火山注入大气中的二氧化硫正在缓慢衰减。

哈勃望远镜的紫外线图像揭示了金星云层中存在有趣的暗斑，类似于"金星先锋"号每一次看到的暗斑。造成金星上这些暗斑的是所谓的"紫外吸收"，而其详细特质至今仍是一个未解之谜。

左图：这张照片并非哈勃望远镜所拍，我们在暮色中看到灿烂的"昏星"——金星，正悬挂在位于美国亚利桑那州中部的清溪峡谷天文台上空。

左插图：这张哈勃望远镜WFPC2紫外波段的假彩色金星图像拍摄于1995年1月24日，当时金星非常接近它与太阳的最大距角(行星与太阳对地心的张角)。金星的轨道比地球更靠近太阳，像月球一样存在相位变化——从一个完整的圆盘到一弯月牙儿，在最大距角时，金星看起来非常类似于月球最初1/4或最后1/4的相位。

绘架座 β 和变形的圆盘

1995年1月

1983年，天文学家利用强大的地基望远镜发现了第一个围绕另一颗恒星的"碎片盘"。那是一个围绕邻近恒星绘架座 β 运行的气体和尘埃盘，距离我们的太阳系只有63光年。绘架座 β 是它的非正式名称，它是一颗非常年轻的恒星（年龄不到3 000万年），体积比我们的太阳大75%。这一发现直接说明了我们太阳系形成的主导性假设，即行星、卫星、小行星和彗星均形成于一个类似的围绕着年轻太阳的气体和尘埃星环圆盘。所以绘架座 β 可能是在向我们展示我们太阳系早期的样子！

哈勃望远镜和WFPC2相机参与了1995年的一次行动，在完美地避开对恒星本身成像的同时，对绘架座 β 周围区域拍摄出更高分辨率的照片，这会淹没反射自圆盘的更微弱的星光。这些图像前所未有地展示了圆盘最里面部分的细节。特别是，有证据表明环绕恒星的尘埃环最里面的部分出现了稍微有点意料之外的翘曲或弯曲。

解释绘架座 β 圆盘翘曲变形的一个假设是，在照片最里面的遮黑区域里，有一颗木星大小（或更大）的行星在围绕恒星运转，从而对圆盘产生了一个引力拖拽，当行星围绕恒星运转时翘曲了它的形状。有行星围绕其他恒星运行的这一观点已存在几个世纪了；到了20世纪末，天文学家们开始发现这些"系外"世界或"系外"行星存在的证据，特别是像木星这样的巨行星存在的证据。

在这一假设的推动下，天文学家们用更大的地基望远镜跟进了哈勃望远镜的观测，并使用了哈勃望远镜上更加先进的仪器，这些仪器是在随后的维修任务中安装的。2006年，ACS相机发现绘架座 β 周围有一个较暗的次级碎片盘，相对于主盘有轻微倾斜，这与系统中可能存在第二颗（或更多）巨行星的假设相一致。到2008年，天文学家从地面研究中获得足够的数据证实了一颗大行星的发现，其质量是木星的7倍，围绕着绘架座 β 运行；这颗巨大的行星可能是造成恒星的主环翘曲的原因。时至今日，在这个外太阳系中寻找其他较小行星的努力仍在继续。

右图：艺术家对绘架座 β 的一种描绘，包括它附近的恒星环境。

下方上图：哈勃望远镜的WFPC2图像，展示的是围绕邻近恒星绘架座 β 环行的气体和尘埃盘的内侧区域，望远镜的指向有意避免对恒星本身成像，也就是图像中心的遮黑区域。从比例上看，这个遮黑区域大约相当于我们内太阳系直到海王星轨道的范围。

下方下图：增强的假彩色展示了密度更高的圆盘区域（红色、白色区域）。

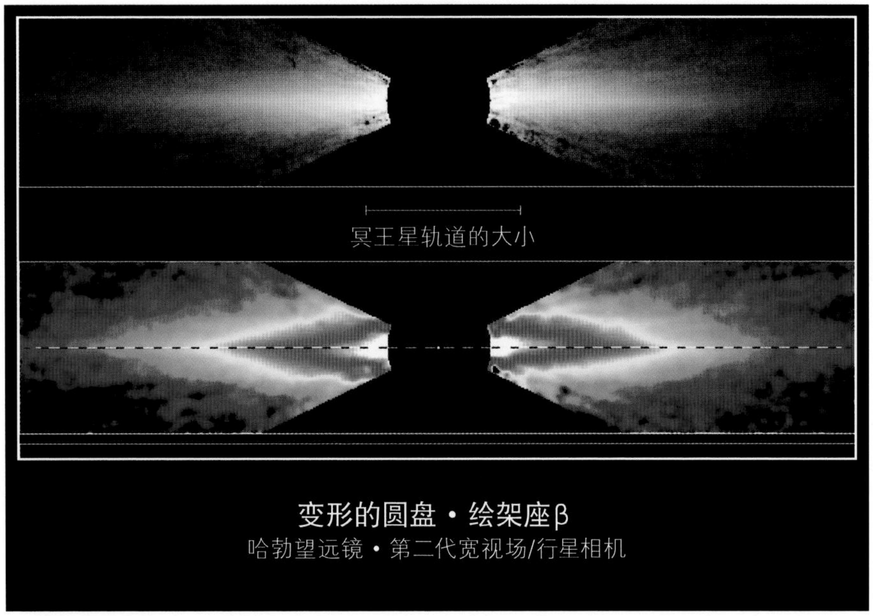

冥王星轨道的大小

变形的圆盘 · 绘架座 β
哈勃望远镜 · 第二代宽视场/行星相机

小行星：天上的害群之马！

1998年3月

设计哈勃空间望远镜主要是为了研究光线十分微弱、距离非常遥远的天体，从而为了解早期宇宙打开一扇窗。然而，要想看到如此遥远的天体，就需要望远镜能够观察到天体附近的区域，而且有时附近一些讨厌的天体会妨碍这种观察。

天文学家经常需要长时间曝光来拍摄照片，并仔细跟踪暗弱的天体在天空中的移动。而这种长时间曝光观测法使得跟踪变得更加复杂，因为哈勃望远镜就处在不停旋转的地球附近的轨道上。因此，如果附近的一些行星、小行星或彗星以与较远恒星和星系不同的速度在天空中移动，而且又恰巧在某次长时间曝光中经过视场，结果就可能会是凌乱的条纹，这些条纹会"污染"较远天体的长时间曝光数据。事实上，20世纪早期的天文学家沃尔特·巴德代表所有深空天体天文学家，表达了他们对小行星给长时间曝光照片造成污染的不满，称它们是"天上的害群之马"。

然而，汝之砒霜，吾之蜜糖。哈勃望远镜研究人员梳理了长时间曝光照片的存档，发现了数百个这种小行星轨迹的例证。由于望远镜镜头的指向和天文台的轨道路径都非常精确，所以天文学家能够计算出这些小行星的位置、轨道路径甚至一些基本特性，其中的大部分小行星以前从未被探测到过，因为它们对地基望远镜而言太暗了。

在哈勃望远镜图像中意外发现的新小行星大多数与太阳系中其他行星、卫星和小行星在同一平面（称为黄道）或接近这一平面运行。20世纪90年代的哈勃望远镜数据让天文学家可以预测出比以前更小、更暗的小行星的总数，这为设计和实施一系列地面观测提供了关键信息，这些观测从那时起就一直在进行。随着时间的推移，更大的望远镜能够对更暗的"害群之马"进行更完整的分类。

木星的北极光

1998年11月

　　地球上的北极光和南极光是太阳风——太阳发出的持续的高能粒子流——和地球强大磁场之间相互作用形成的壮观而美丽的现象。太阳风通常会绕过地球（有助于保护这里的生命），除了在两极附近的区域，那是地球磁场与地表相互作用最强烈的地方。在那里，被捕获的太阳风粒子与大气中的原子和分子发生碰撞，在失去能量的同时释放出大量的紫外线辐射，并伴有美丽的绿色、黄色和红色可见光。

　　但地球并不是太阳系中唯一拥有强磁场的行星。事实上，所有外太阳系的巨行星都有比地球更强的磁场，木星就是其中最强的。就像在地球上一样，当太阳风与木星的强磁场相互作用时，就会在木星的极地区域产生美丽而壮观（比整个地球大很多倍）的极光。

　　哈勃望远镜独一无二的紫外成像和光谱探测能力使它成为研究巨行星壮观而强大极光的完美平台。木星的极光特征包括一个巨大的、拥有强紫外线辐射的、以木星磁北极为中心的椭圆形区域，以及在这个主要的椭圆形区域内一系列的快速变化、更加弥散的辐射。

　　另外一些罕见的特征是椭圆形极光外面的小亮点，被称为"磁场足迹"，那是电流从木星的主要卫星木卫一、木卫二、木卫三和木卫四沿着强磁力线流入木星极地大气的地方。磁场足迹是由木星磁场强大的特性和巨大的尺寸造成的——4颗主要卫星全都深深地嵌入磁场之中。如果我们能用肉眼看到木星的磁场，其大小近乎我们天空中月球大小的3倍。而我们的月球之所以不会在地球极地大气中产生磁场足迹，是因为它的绝大部分时间都是在地球磁场之外度过的，这个地球磁场远比木星的要小得多，也弱得多。

左图：这是哈勃望远镜的STIS紫外线仪器于1998年11月26日拍摄的木星北极光的假彩色照片，这些与地球极地天空中经常可以看到的闪烁的光幕一样，也是形成于太阳风和行星磁场之间的相互作用，不同的是巨大木星上的北极光比地球上的大好多倍。

探测火星气候更新

1999年4月

　　哈勃望远镜在1990年发射后不久，就开始在火星最靠近地球的时候观测火星。但直到1993年望远镜的聚焦问题得到解决（见第21页），这颗红色行星的图像才远远超过了地基望远镜能够达到的最佳分辨率。事实上，即使从20世纪90年代中期，美国宇航局的几个自动航天器开始从火星轨道上拍摄照片和得到其他数据，哈勃望远镜的数据仍然填补了火星科研的重大空白。

　　观察像火星这样的行星时，哈勃望远镜的优势在于，它与地球同步气象卫星观测地球的方式类似——一次可以观测整个半球。相比之下，自20世纪90年代以来，大多数火星轨道飞行器都在围绕火星的非常低的极轨轨道上运行，每次只能观测到火星的一小部分，因此它们必须环绕火星的许多轨道之后实现对火星的全球覆盖。哈勃望远镜可以观测到整个火星上从早晨到中午再到下午的气候模式，而轨道飞行器通常一天只能监测一个时间。

　　还有一个证明哈勃望远镜科学重要性的例子是，直到2014年底，它仍在提供研究火星上臭氧和水蒸气的每天的和季节性的变化所需的唯一高分辨率紫外观测数据。这些气体是火星大气层的次要组成部分，但它们提供了光化学过程——太阳紫外线辐射引起的化学反应，以及水在火星表面和大气层之间变动方式的重要信息。例如，在1999年的火星成像联测中，哈勃望远镜的数据使我们能够发现新型的冬季赤道云，以及北极区域的大规模旋风状风暴。

　　哈勃望远镜拍摄的火星图像还有助于揭示火星著名的尘暴的形成、成长和衰退的一些过程。比如2001年在哈勃望远镜火星成像观测活动期间，局部尘暴演变成一些环绕火星的重大事件，它们完全遮蔽了本来能够看到的或明或暗的常规地表痕迹（等待灰尘散去可能需要数周到数月的时间，之后我们经常会发现，风暴后的地表痕迹发生了巨大的变化）。几个世纪以来，地基望远镜一直被用来研究火星上不断变化的地表痕迹，不过哈勃望远镜代表了那个时代的巅峰，在火星探测的传统时代和航天器时代之间架起了一座极其重要的桥梁。

左图：哈勃望远镜的WFPC2于1999年4月27日拍摄的火星彩色照片，颜色由选中的不同波长的红、绿、蓝组合而成，因此其效果与我们肉眼所见的"自然色"非常接近。可以看出，图像的主要特征包括明亮的水冰极冠（图像顶部）、暗褐色的沙质地形和尘土飞扬的亮红色地形、清晨（图像右边）一侧（行星边缘）的白色水冰云以及北极附近的大型气旋风暴系统。

土星：太阳系皇冠上的宝石

2004年1月至3月

哈勃空间望远镜拍摄和收集了许多图像和其他数据集，重点研究号称太阳系"皇冠上的宝石"的带有壮美光环的土星。尤其重要的是，哈勃空间望远镜在20世纪90年代和21世纪初对土星的大气层和极光进行了监测。这段时间正好是在20世纪80年代初"旅行者"号的首次探测之后，以及从2004年到2017年围绕土星运行的美国宇航局"卡西尼"号之前。

土星的云层由较暗的"带"和较亮的"区"组成，这个在某些方面跟木星的情况类似。然而，从地面拍摄的图像和哈勃望远镜拍摄的图像来看，土星的大气层通常不如木星活跃，风暴和其他扰动比较少。早在19世纪，天文学家就偶然在土星的大气层中发现了小型的类似木星的椭圆形风暴。在土星北半球的夏至前后，这大概每30个地球年发生一次，一个被称为"大白斑"的大型赤道风暴系统被记录下来。

20世纪90年代，哈勃望远镜利用它的WFPC2仪器详细研究了大白斑和其他大型赤道风暴系统，发现风暴的白色云层是氨冰晶，当更加厚重、更加温暖的大气层上升到更高层发生冷却时，这些氨冰晶会"雪化"气态大气层。1990年和1994年利用哈勃望远镜对这类风暴进行了2次具体研究，结果表明这是过去几百年间在土星上观测到的3次最大风暴中的2次。哈勃望远镜以尽可能高的分辨率拍摄到的大气特性，有助于为"卡西尼"号实现抵近距离的成像设计滤光片和观测计划。

与木星一样，土星也有一个与冲击性太阳风相互作用的强磁场（参见第51页，木星的北极光），这在土星的南北极区域产生了壮丽的极光现象。正如在木星上一样，土星的北极光和南极光主要以土星磁北极和磁南极为中心，分别形成了一个椭圆形图案。它们也是动态的、不断变化的，时长从几分钟到几小时不等。土星与木星系统的另一个相似之处是土星的磁场足迹——一颗卫星和一颗巨行星大气层之间的电子连接。比如，"卡西尼"号就在土星和它的小卫星土卫二之间发现了这样一个连接。

冥王星的5颗卫星

2006年2月

1930年，洛厄尔天文台的天文学家克莱德·汤博在海王星轨道的外面一点发现了太阳系的第九颗行星——冥王星。20世纪90年代，地基天文学家发现冥王星只不过是冰山一角，它只是一个全新的、由被称为柯伊伯带天体（KBOs）的相当大小的小冰块组成的族群中最近和最亮的一员，在海王星轨道之外绕太阳运行，与太阳的距离相当于地球到太阳距离的30~100倍。意识到冥王星只是数目众多的柯伊伯带天体中的一员，一些（但远不是全部）天文学家提出冥王星不是一颗完全演化成熟的行星，而应该称之为"矮行星"（参见第60页，揭秘冥王星）。

冥王星有一颗巨大的卫星——冥卫一，于1978年被发现。哈勃望远镜于2005年开始参与到冥王星的观测当中，当时行星天文学家意识到哈勃望远镜兼具卓越的分辨率和出色的灵敏度，这将使他们能够对其他行星进行最详细的搜索，以期发现其他较暗的卫星。冥王星伴星搜索小组在最初的一组观测中发现了存在另外2颗卫星的初步证据，但进一步得到证实是在2006年2月使用ACS仪器的高分辨率相机（HRC）拍摄了第二组后续观测图像之后，同时也确定了它们的基本轨道根数。

新发现的2颗冥王星的卫星最初被称为S/2005 P1和S/2005 P2，它们确实很小而且形状不太规则，2颗卫星的最长跨度都在50千米左右。新的卫星后来被命名为九头蛇和尼克斯，分别以希腊神话中的九头蛇和黑夜女神来命名。哈勃望远镜的图像显示，它们都位于与冥王星赤道同一平面的圆轨道上，并且它们以2：3的"共振"轨道围绕冥王星运行（也就是说，九头蛇每绕轨道运行2圈，更近的卫星尼克斯正好绕冥王星运行3圈）。

哈勃望远镜在2011年和2012年对冥王星系统进行了更加灵敏的观测，另外发现了2颗新卫星，这2颗卫星最终被命名为三头犬和冥河（以希腊神话中守护冥界的狗和冥河女神的名字命名），它们也非常小而且不规则（最长跨度都不到20千米），与其他3颗卫星存在轨道共振。

哈勃望远镜 · ACS/HRC

冥王星

S/2005 P2

冥卫一

S/2005 P1

解体的彗星

2006年4月

　　彗星是太阳系中一种冰冷的岩石质天体，通常在偏心率很大的椭圆（扁扁的椭圆形）轨道上运行，这些轨道偶尔会带着它们穿过更靠近太阳的太阳系内部区域。当彗星的温度升高时，它们表面和内部的冰经常会升腾为气体，向空中喷射水蒸气和尘埃从而形成一个毛茸茸的"彗头"或"彗发"和/或一条长长的、紧随固体彗核的气体和尘埃"彗尾"。大多数彗星的彗核都相当小，大概只有几千米宽，被看作是外太阳系最初凝聚的、以冰为主体的小天体原始遗骸的代表，这些天体是巨行星及其卫星和光环的基本组成部分。

　　天文学家还发现了一个"周期"彗星的小族群，它们在可预见的时间、沿可预见的路径返回太阳系内部。当然，最著名的是哈雷彗星。但也有另外几百颗彗星每隔几年到一两个世纪就会回到邻近地球轨道的地方，其中大约有十几颗散落碎屑的彗星就是每年发生的最著名的流星雨的根源。

　　哈勃望远镜在其30年的使用过程中帮助行星天文学家研究了许多彗星的组成和形态，包括1994年撞击木星的著名的舒梅克–列维9号彗星（参见第40页）。哈勃望远镜捕获的另一颗引人瞩目的彗星叫作73P/施瓦斯曼–瓦奇曼3号（SW–3），它的运行轨道大约在地球和木星轨道之间，每5.3年返回一次内太阳系区域。在1995年返回期间，地面天文学家注意到它已经开始碎裂为至少4大块，同时太阳的热量还在继续蒸发其表面和内部的冰质沉积物。

　　到了2006年哈勃望远镜调整方向对准SW–3时，地基望远镜观测到的碎片数量已经增加到8个。哈勃望远镜以比地面观测能够达到的更高的分辨率发现，每一个碎片本身都由几十个更小的碎片组成。事实上，SW–3看起来正在慢慢解体。也许在不久的将来彗星再次近距离经过太阳附近的时候，它可能会变回到45亿多年前的初始形态——一团由细小的水汽和尘埃颗粒组成的幽灵云。

左图：哈勃望远镜的ACS高分辨率照片，拍摄于2006年4月18日，照片拍摄的是73P/施瓦斯曼–瓦奇曼3号彗星解体之后的G碎片附近区域。这颗彗星最早发现于1930年，1995年它在椭圆轨道上运行到接近太阳时开始碎裂。目前它仍在不断瓦解，在天空中横跨好几度，由超过33个独立碎片构成了长长的一串。

揭秘冥王星

2010年2月

上图：这张更加详尽的冥王星照片，是美国宇航局的"新视野"号探测器于2015年7月飞掠冥王星及其5颗卫星时拍摄的。这个明亮的心形特征，在哈勃望远镜反向180度拍摄的视图中也能看到，是一个冰质的富含氮-甲烷的平原，现在被称为斯普特尼克平原。

右图：这是2010年最详尽的冥王星全景图，由拍摄于1994年、2002年和2003年的多张哈勃望远镜ACS照片组合而成。即使在这种粗糙的分辨率下，仍然能够证明冥王星具有或明或暗的不同层次和颜色变化，据推测，这些明暗层次和颜色变化是太阳紫外线辐射分解冥王星表面甲烷冰的结果。

虽然哈勃望远镜已经能够达到前所未有的分辨率，但实际上它能记录到的细节仍然存在局限，这取决于被观测天体的大小和它与望远镜的距离。例如，冥王星是一个相对较小的星球（直径仅为约2 400千米），在哈勃望远镜有生之年的大部分时间里，冥王星到地球的距离是地球到太阳距离的30多倍［地球到太阳的距离被定义为1个天文单位（1 AU）；因此，在哈勃望远镜有生之年的大部分时间里，冥王星到地球的距离就是30多个天文单位］。即使使用哈勃望远镜的最高分辨率的相机，冥王星的大小也只有几个像素宽。

但是天文学家很聪明，特别擅长从图像和其他被推到分辨率极限的数据中挤压每一丝每一毫可能的信息。从本质上讲，通过给天体拍摄多张图像，并在图像之间小幅移动望远镜的指向或方向（这个处理过程称为"抖动"），这有可能提升哈勃望远镜图像的最高分辨率，即使是像冥王星这样只有几个像素宽的天体。关键在于，这一过程需要大量仔细的校准和对所用相机的了解，以及海量的计算机时间来处理图像。

利用这种方式处理哈勃望远镜于1994年、2002年和2003年拍摄的冥王星的ACS图像，行星天文学家能够将冥王星的多个视图合成一个更高分辨率的全景视图，并标示其表面的明亮和黑暗区域。结果令人兴奋——冥王星的表面实际上因地而异，可能是由于地质或成分的变化（或两者兼而有之）。其中一些地方的颜色和亮度会随着时间的推移而改变，这可能是幂王星稀薄的大气发生了变化造成的。哈勃望远镜的研究成果被纳入了计划由美国宇航局"新视野"号付诸实施的成像及其他观测工作中，"新视野"号于2006年发射，并于2015年掠过冥王星系统。

当"新视野"号最终近距离拍摄冥王星时，哈勃望远镜的研究结果和预测得到了证实：标识为明亮和黑暗的地方通常与经过深度加工处理的ACS图像所预测的相一致，甚至包括被称为汤博区的巨大心形区域，在经度150度和180度的ACS图像中呈现出明亮的黄色哈勃望远镜特征。冥王星具有迷人的地质和大气过程，是一个值得再次被称为行星的星球。

冥王星·哈勃望远镜 ACS/HRC

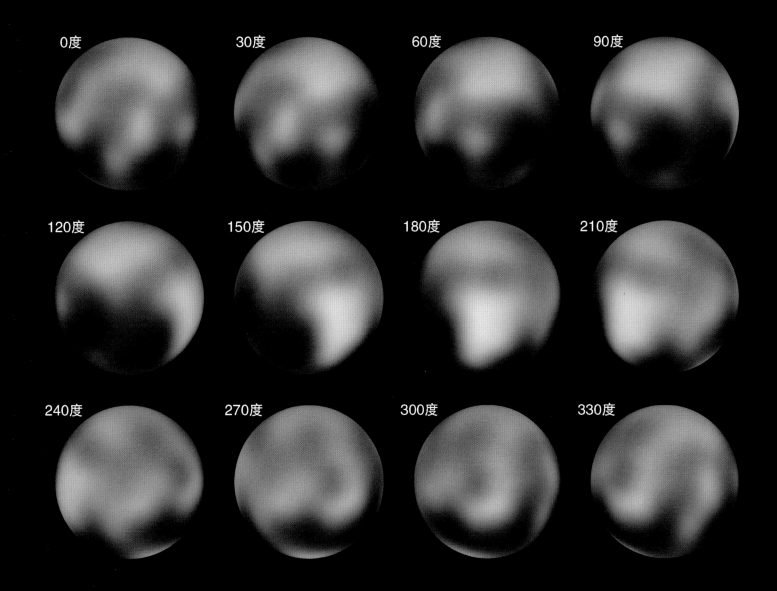

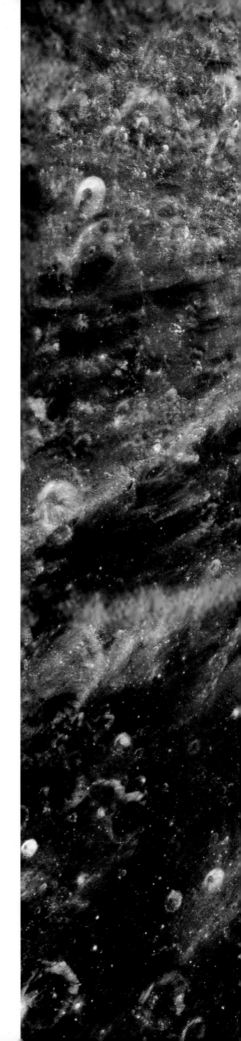

蓝色月球

2012年5月

    一般来说，哈勃空间望远镜的操作人员需要避免将天文台对准太阳、地球或月球，因为这些天体的强烈亮度可能会损坏望远镜的一些超灵敏的探测器和其他仪器。尽管指向太阳永远都是不被允许的，因为这会产生太多的内部加热，但如果最敏感的系统被关闭，原则上可以将天文台指向地球（用于校准之目的）甚至月球。

    哈勃望远镜曾数次被用来对月球进行科学观测。1999年，哈勃望远镜的WFPC2和STIS仪器被用来收集93千米宽的哥白尼陨石坑的图像和光谱，用于校准并对那部分月表的组分和矿物学进行科学研究。

    2005年，一组行星科学家利用ACS仪器的高分辨率系统中的可见光波段和紫外滤光片，对月球上的"阿波罗"15号、"阿波罗"17号遗址和阿里斯塔克斯高原的周围区域进行了拍摄。"阿波罗"任务带回了月球样本，因此，这些特定地点的化学和矿物学情况众所周知。但是"阿波罗"遗址的已知特质能用来推断月球上其他没有样本的地方的特质吗？利用哈勃望远镜的绿色、蓝色尤其是紫外线成像能力，研究人员能够建立月表颜色与"阿波罗"样本中钛含量之间的关系，钛是月球火山岩的重要组分，利用这种关系可以预测其他火山沉积物中钛的含量。

    哈勃望远镜月球成像的另一个非常酷的例子是在2012年1月进行的一系列观测，这是对计划于2012年6月金星穿过太阳圆面产生凌日现象（指太阳被金星遮挡）时进行的观测的测试。由于哈勃望远镜不能直接观测太阳，天文学家提出了在金星凌日期间监测月球反射的太阳光的想法，作为一种探测在反射的太阳光中留下痕迹的行星大气的光谱特征的尝试。对这些观测数据的处理和分析仍在进行当中，但类似的技术已经被用于查探在其他邻近恒星前面凌日的巨行星的大气成分特征。

右图：拍摄于2012年1月11日的哈勃望远镜ACS照片，拍摄的是月球第谷撞击坑。第谷坑宽约80千米，周围环绕着一个明亮的放射状条纹或射线系统，这是在大约1亿年前的撞击事件中因物质喷射而出形成的。这张照片对应的宽度大约有700千米，可以分辨的最小特征约170米宽。

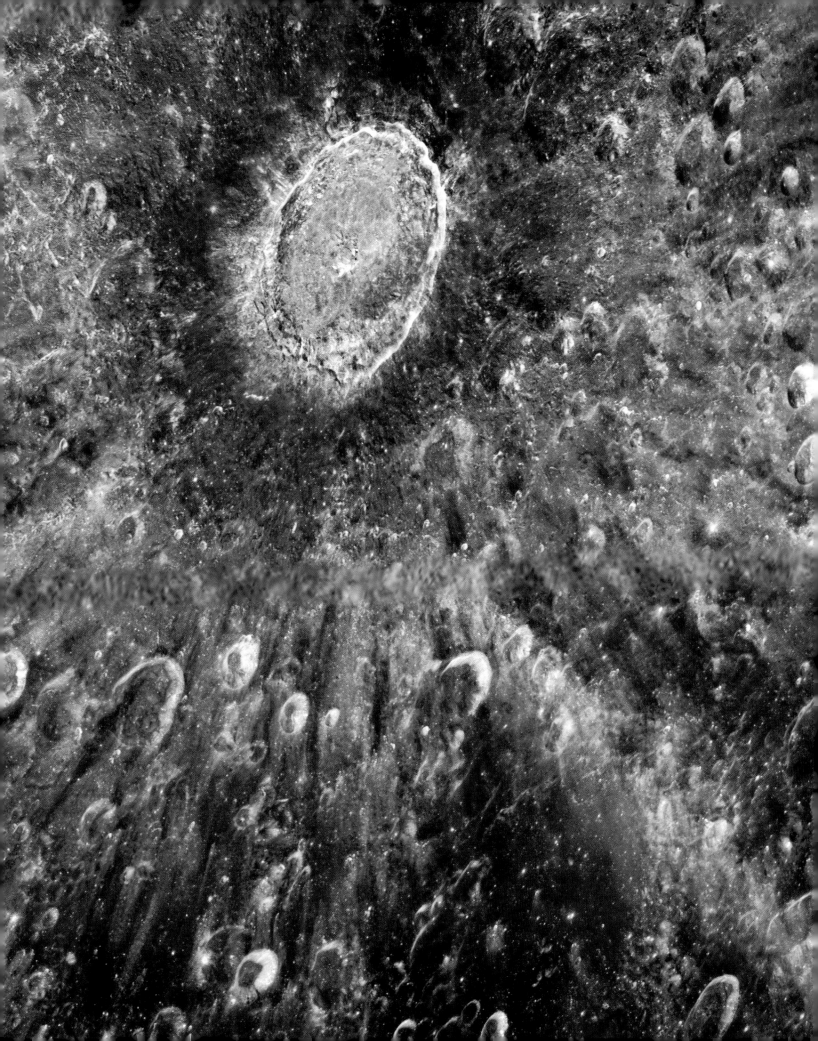

北落师门b之谜

2013年1月

我们的太阳和太阳系中的其他一切都是形成于46亿年前的一个旋转的、相对扁平的气体盘和尘埃、岩石、冰块的残骸。支持这一假设的部分证据来自附近年轻恒星的图像，这些恒星周围有相对扁平的，由尘埃、岩石和冰块构成的盘（参见第46页，绘架座 β 和变形的圆盘）。许多这样的盘现在已经被哈勃望远镜和地基天文台所发现和研究。

1998年，天文学家利用毫米波望远镜（能够探测深红外热能）在邻近的恒星北落师门（南鱼座 α）周围发现了一条温暖的尘埃带。北落师门距离太阳只有25光年，是一颗年轻的恒星（大约4.5亿岁）。这个带是环形的（甜甜圈形状），在那个恒星系统的一个类似于我们太阳系的柯伊伯带的区域内的轨道运行。北落师门的碎片带被认为是一个行星形成区，而在它和恒星之间相对空旷的区域则被认为是碎片被一个或多个在那里绕轨运行的行星"清除"了。

2008年，哈勃望远镜拍摄到一张暗弱天体的图像，这个天体被怀疑是一颗在北落师门碎片带之内的轨道上运动的木星大小的行星。通过对早期和后期的图像进行比较发现，它确实有可能是一颗行星，在一个周期为1 700年的倾斜的椭圆轨道上围绕恒星运行。通过分析这颗行星的亮度（这是第一颗直接以可见光波段成像的系外行星）以及它对附近碎片带的引力影响，天文学家得出结论，这颗名为"北落师门b"的行星的质量可能介于海王星质量和3倍木星质量之间。

其他地基和空基望远镜的一些后续观测导致一些天文学家开始质疑：北落师门b是否真的是一颗木星量级的行星。例如，斯皮策空间望远镜的红外观测无法探测到与它的恒星在那个距离上的一颗巨行星应有的温度特征。对某些天文学家而言，斯皮策空间望远镜的观测表明北落师门b可能是一团块状的或碎块状的尘埃云，也可能是一颗被碎块状残骸和尘埃包围的较小的岩石冰行星。未来地基和空基望远镜的更高分辨率的图像将有助于揭开北落师门b的神秘面纱。

右图：这是一张合成的哈勃望远镜STIS假彩色图像，拍摄的是我们的邻近恒星北落师门周围的由尘埃和岩石组成的原行星盘，并显示了一个大概木星大小的行星挨着盘的内侧的轨道运动。这颗恒星发出的光被挡住了，使得我们可以对暗弱得多的圆盘和被称为北落师门b的行星进行成像。

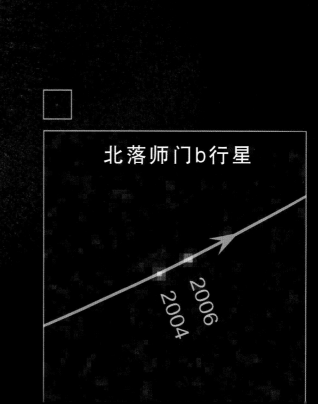

北落师门b行星

超级活跃的小行星–彗星

2013年9月

我们太阳系目前已知的大多数小行星（接近80万个天体）都在火星和木星之间的小行星主带绕轨运行。这是我们太阳系的一个过渡区域：在火星周围形成并在其轨道内侧运行的小天体主要是岩石质的，而在木星周围形成并在其轨道外侧运行的小天体主要是冰质的。因此，在这个过渡区域中发现由岩石和冰的混合物构成的过渡天体也就不足为奇了。

尽管如此，当1979年发现的一个典型主带小行星——7968埃尔斯特–皮萨罗，在1996年被地基天文学家在它的近日点（但仍远在火星轨道之外）再次观测到并拖着一条彗星般的尾巴时，天文界还是有些惊讶。从那时起，人们已经观测到30多颗被认为是小行星的天体表现出类似彗星的特征。如果这些天体的活动很显然与冰的升华有关，天文学家会称之为"主带"彗星；如果所涉及的主要物质是细粒岩石尘埃，则称之为活跃小行星。

哈勃望远镜拍摄了一颗名为P/2013 P5的小行星的高分辨率图像，来观察活跃小行星的活动。2013年8月，泛星地基望远镜巡天项目发现了这个天体，天文学家注意到，这个天体并不是一个清晰的光点，而是呈现出模糊的、类似彗星的外观。哈勃望远镜随即投入行动，并很快获得了更高分辨率的P/2013 P5图像，图像显示从中心明亮区域向外延伸出6条明显的"尾巴"。仅仅几周后，哈勃望远镜的重复成像观测显示出这颗小行星尾部的指向变得非常不同，说明这颗小行星正在迅速地发生变化。

对这个多尾小天体更详细的分析与P/2013 P5是一颗快速旋转的"碎石堆"小行星这一结论相一致，也就是说，小行星可能是由这么小的天体的非常弱的引力勉强拉在一起的较大的巨砾和其他岩石碎块组成的。当小行星快速旋转时，离心力可能会导致一些岩石碎块偶尔被喷射出来，将灰尘和岩石带离表面。太阳光的微小辐射压力可以将扬起的灰尘拉伸成像尾巴一样的气流。

这些活跃的天体被称为小行星还是彗星并不重要，重要的是它们能帮助我们了解作为原始行星模块残留物的小型太阳系天体的组成、物理性质和内部结构。

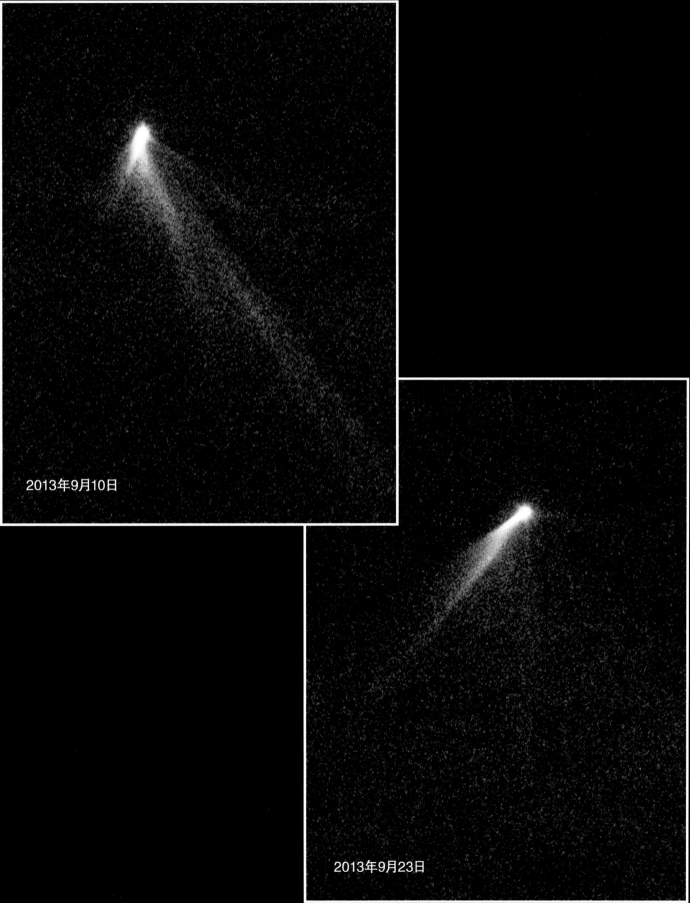

2013年9月10日

2013年9月23日

外行星之爱

2015年1月

　　哈勃空间望远镜可以分辨出太阳系中行星和卫星的表面及大气层的枝节末梢，但这种情况并不常见。由于哈勃望远镜和仪器的主要科学目标是重点研究更多的有关更加遥远宇宙的宇宙学问题，所以在哈勃望远镜的使用过程中只有大约5%的时间用于太阳系观测，这使得研究最具随时而变特性的行星现象变得比较困难，比如外太阳系剧烈变化的巨行星大气。

　　2014年，一些行星科学家开始收集所有4颗巨行星——木星、土星、天王星和海王星的哈勃望远镜WFC3多色图像，试图更好地记录和监测风暴活动、风速，以及大气结构和化学物质随着时间的推移所发生的变化（在这种情况下会监测两个连续的转动周期，每一个地球年至少做一次）。这个名为外行星大气遗产（OPAL）计划的

项目一直持续到今天。当与早期的哈勃望远镜图像，以及早期或同时期的地基和航天器图像相结合时，巨行星上的天气模式记录可以追溯到几十年以前。

例如，哈勃望远镜图像为了解著名的木星大红斑逐渐缩小的细节，提供了必要的关键性测量数据，而对于木星南半球那个巨大风暴系统的详细天文测量也可以追溯到150多年前。在那段时间里，风暴系统从更趋椭圆形（经度跨度近40度）稳定地转变为更趋圆形（现在经度跨度不到15度），随着时间的推移，相对于木星约10小时自转一周的行星自转速度而言，它向西飘移的速度也越来越快。

来自OPAL和哈勃望远镜监测木星的其他观测图像和光谱也显示，随着时间的推移，大红斑的颜色也在慢慢改变——变得不那么红了，这可能是由于风暴内部云层和薄雾的分布发生了细微变化。如果这种趋势持续下去，到21世纪中叶大红斑可能会变成浅米色斑，甚至有可能在2100年之前完全消失。

下图：这张拍摄于2015年1月19日的彩色木星云顶全景图由哈勃望远镜WFC3仪器在木星的几个不同旋转角度处拍摄的红色、绿色、紫外线图像合成。木星不同的全盘视图或"截面"的原始图像被转换成从北纬80度贯穿至南纬80度的地图，覆盖了所有经度，类似于把我们地球的球体地形"铺开"到一个平面上所形成的地图。

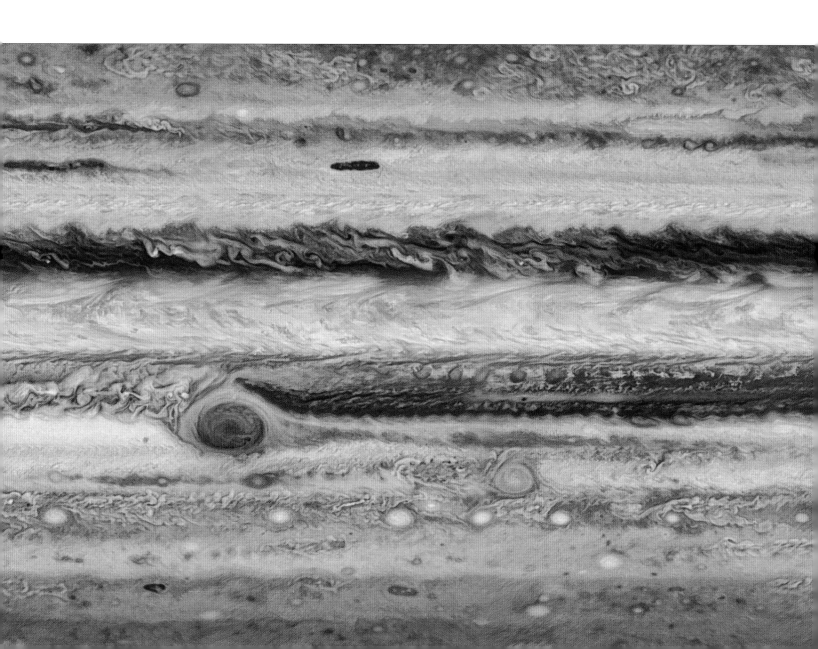

天王星和海王星：活力二重奏

2018年11月

太阳系中我们最不了解的行星是天王星和海王星，部分原因是它们距离我们非常遥远，它们的轨道离太阳的距离分别是地球与太阳距离的19倍和30倍。我们对它们所知较少还因为它们都只被一艘飞船访问过。"旅行者"2号曾于1986年和1989年分别飞过天王星和海王星，为我们提供了唯一一次近距离观察这些遥远星球的机会，然而这样的机会却只是转瞬即逝的惊鸿一瞥。

由于具有高分辨率的成像能力，哈勃望远镜能够分辨出这两颗行星上的大气风暴和其他特征，提供了自"旅行者"2号执行飞掠任务以来，这两颗行星大气变化的记录。像OPAL计划这样的专门联测（见第68页，外行星之爱）有助于保证每年给天王星和海王星至少拍摄一次高分辨率快照，用以研究它们随时间流逝而发生的变化。

自1986年以来，天王星发生了巨大的变化。那个时候，在"旅行者"2号的可见光波段图像中，天王星看起来像相对温和的、朦胧的蓝绿色台球。这第七颗行星在其侧面倾斜了近90度，因此它基本上是绕着太阳公转而不是自转。天王星的极端倾斜造就了它极端的季节。当"旅行者"2号飞过时临近南半球的夏至，正值天王星的"朦胧季节"，因为阳光只照射在南半球，而北方则完全是一片黑暗。到了2005年前后，天王星进入了北半球的春季/南半球的秋季，太阳光在南北半球之间的分布更加均衡。结果形成了一个更加活跃的大气层，夹杂着白色云层、与木星和土星上相类似的小风暴系统和高纬度地区的朦胧的"极帽"云。

自1989年"旅行者"2号执行飞掠任务以来，海王星也经历了重大的大气变化。这个蔚蓝色的第八颗行星的倾斜和季节更像我们的地球，在"旅行者"2号的照片中可以看到许多白云和暗风暴系统。其中一个被称为大黑斑，它在形状上与木星的大红斑很相似，但颜色不同。自1989年以来，哈勃望远镜和其他地基望远镜拍摄的照片显示，随着时间的推移，大黑斑已经消失，并被其他的暗风暴系统所取代，而与之关联的白色"伴生云"也时而出现，时而消失。行星大气科学家仍在试图弄清楚这些风暴系统究竟是如何成长和演变的。

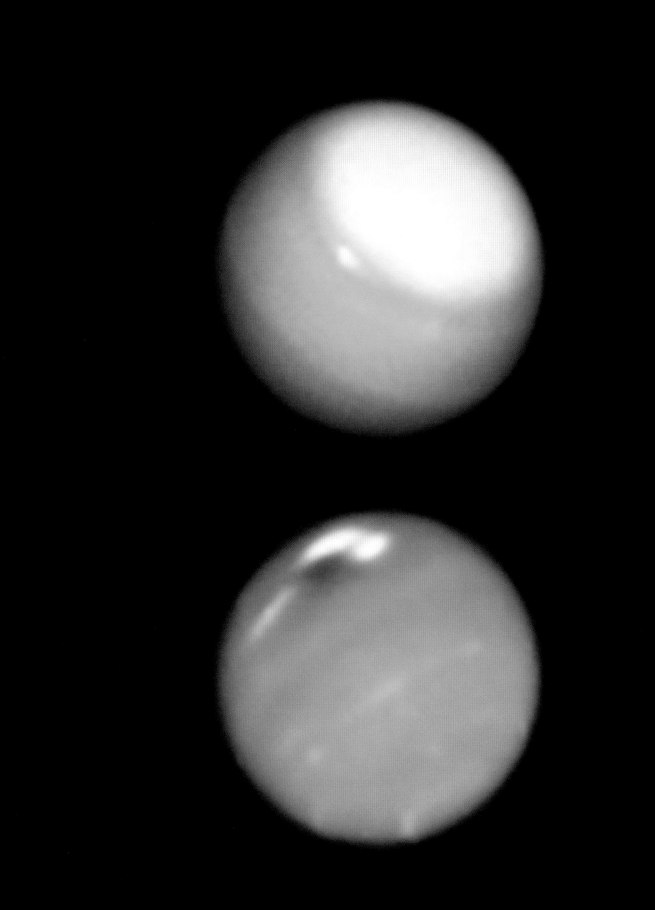

恒 星

巨星爆发

1995年9月

　　太阳和其他恒星发出巨大的能量和辐射，这种能量以光、热和高能粒子的形式向外传播。太阳偶尔会喷发出炽热的高能气体流进入太空，这样的太阳耀斑在许多种类的恒星中都很常见，它们可以远远延伸到恒星的可见表面或光球层之外。

　　1837年，天文学家注意到年轻的巨星海山二（又名船底座 η 星，一颗质量超过太阳100倍的恒星，位于大约8 000光年外的南天球船底座）突然从一颗不起眼的昏暗恒星急剧变亮，变得比猎户座的明亮恒星还要亮。在19世纪剩余的时间里，这颗恒星慢慢变暗，暗到肉眼几乎无法看到的程度，但在20世纪和21世纪，它又稍微变亮了一些。尽管海山二变得像超新星一样明亮，但它实际上并没有发生爆炸。20世纪40年代，地基天文学家注意到，这颗恒星已经被一个长方形的气体星云所包围，这可能是从一个世纪前恒星快速变亮过程中的一次爆发中喷出来的。

　　1995年9月，哈勃望远镜参与了这次观测任务。然而，观测却颇具挑战性，因为这颗恒星的亮度比它周围的星云要亮10万倍以上。通过红色和紫外滤光片拍摄了多张照片，这些照片曝光时间长短不一，短时间曝光是为了在明亮的中心恒星上获得良好的曝光，而其他长时间曝光则是为了获知较暗星云里的细节。

　　这张合成图像的效果令人惊叹，它是由哈勃望远镜数据得到的一颗恒星及其周围环境的最高分辨率的照片之一。正在冷却浓缩的尘埃形成的暗带和条纹混合着发光的热气体（被恒星从内部照亮）。这张照片让人立刻感到，海山二上正在发生一场激烈的事件。事实上，这个星云随着时间的推移在不断扩大，正以每小时约240万千米的速度向外扩展。

　　海山二是一个巨大的恒星，辐射出的能量大约是太阳的500万倍。至于它究竟如何以及为何持续以这种方式喷发和散落物质，仍然是一个巨大的谜团，也是一项亟待深入研究的课题。

第72页和第73页图：这个由约3 000颗恒星组成的巨大星团被称为韦斯特伦德2号，位于船底座，距离我们约2万光年远。这张合成的ACS和WFC3假彩色图像于2013年9月获得，展示了来自两个红外和一个绿色波长滤光片的光。

右图：这是张合成的哈勃望远镜WFC3假彩色图像，拍摄的是超巨星海山二喷薄而出的、由气体和尘埃组成的、翻滚着的巨大云团，离我们大约8 000光年。这颗恒星从1837年开始喷发气体和尘埃，到了19世纪40年代，短暂地成为夜空中第二明亮的恒星。这张在2018年7月获得的合成的假彩色图像显示了红色、蓝色和紫外滤光片发出的光。

光回声

2004年2月

2002年初，地基天文学家在南天球的麒麟座中发现了一颗先前没有探测到的、正在迅速变亮的恒星。作为在该星座中发现的第八百三十八颗变星，这颗恒星被命名为麒麟座V838，或直接称为麒麟V838。后继观测发现，这颗恒星已经被一个模糊的光晕包围，这个光晕看起来正随着时间的推移变得越来越大。

哈勃望远镜自2002年5月起对麒麟V838进行了更加详细的观测，使用的是ACS仪器宽视场相机中的蓝色、红色和红外滤光片。哈勃望远镜的图像展示的是一颗中心红巨星，周围环绕着纤细的、大致呈圆形的气体和尘埃弧。随后的哈勃望远镜图像显示，围绕那颗恒星的星云"壳"在不断增大，现在比木星的角直径都要大很多倍。人们会很自然地把麒麟V838周围的结构看作是由中心爆炸导致的、不断膨胀的球面激波，但这是一种错觉。

麒麟V838是一颗年轻的恒星，年龄不到500万年。因此，它仍然被最初形成它的星云状气体和尘埃所包围。在恒星亮度急剧增加之前，残留的气体和尘埃是看不见的。但是当更加强烈的光线照在周围的星云物质上时，也把它们给照亮了，其中的一部分光就从星云反射到了我们这里。因为反射光要比恒星的直射光行进更远的距离，所以它到达我们地球的时间会更晚一些。随着时间的推移星云似乎在不断膨胀，因为越来越晚的反射光不断抵达我们这里。然而，向外传播的光只是来自极度明亮的麒麟V838，而不是来自星云本身。

麒麟V838并不完全在我们的附近，而是距离我们大约有2万光年，这个距离大约是银河系直径的20%。从如此遥远的地方竟然可以看到它变得那么明亮，这一事实足以说明这颗恒星所爆发出的强度。在那段短暂的时间里，麒麟V838的亮度大约是我们太阳的100万倍，是当时整个星系中最亮的恒星之一。尽管人们提出了许多假说，但是引起麒麟V838巨大爆发的原因仍不确定。这是一类奇异类型的恒星爆炸吗？还是前身星与另一颗恒星相碰撞或吞噬一颗或多颗巨行星而引发的核链式反应？未来的观测和计算机模拟或许能够提供更多的线索。

右图：哈勃望远镜ACS拍摄的红超巨星麒麟V838的假彩色照片，这颗恒星于2002年开始明显变亮。恒星爆发时发出的光在恒星周围的星云气体中产生了"光回声"，这给人一种错觉，似乎围绕着恒星有一个在不断膨胀的球状碎片壳。

螺旋星云

2004年9月

大多数恒星存在于双星系统中，和它们的伴星一起围绕着它们共同的质心运行。然而，双星系统中的恒星质量通常并不相等，因此，尽管它们被引力束缚在一起，但仍可能经历不同的生命历程。随着恒星年龄的增长，成对的（或更多的）多星系统的差异演化往往会导致有趣的现象。

一个很好的例子是位于北天球的飞马座的恒星飞马座LL（飞马LL）。飞马LL是一颗碳星，是一种在其可见外层中碳的含量高于氧的红巨星。这类恒星富含碳的大气中含有大量的粉尘或烟灰，使它们呈现出引人瞩目的红化效果。其中一些星体，比如飞马LL，大多淹没在粉尘飞扬、烟灰弥漫的环境中。然而，人们发现飞马LL原来是一个双星系统，这两颗恒星存在的关键证据来自红外观测，这种观测揭示了这两颗恒星如何与碳星主星发射的尘埃星云相互作用。

具体来说，哈勃望远镜的观测显示，尘土飞扬的飞马LL系统是独一无二的，因为它包含了一个稀薄的却近乎完美的螺旋形亮度结构，优雅地缠绕着中心恒星。星云的螺旋特性表明它是由某种有规律的周期性运动形成的。事实上，通过测量螺旋形结构内物质的速度已经准确地计算出，每形成一个螺旋环大约需要800年的时间。

能够说明螺旋环形成的800年间隔时间的最佳猜想是，飞马LL有一个较暗的（并非直接观测到的）可以破开物质的双星伴星穿行于由碳星主星生成的乌黑的星云当中，所以800年的时间正是双星中的伴星围绕飞马LL运动的轨道周期。

飞马LL是一颗巨型变星，被称为"米拉变星"，大小为太阳的600~900倍，亮度为太阳的1万多倍。像这样的恒星临近生命终点前的脉动会释放出巨量的气体和尘埃，形成一个被称为行星状星云的结构（大概是因为这种物质会蔓延到恒星极其邻近的周围的恒星系统里）。最终，在这颗巨星的所有外层全部脱落之后，中心留下来的恒星残骸将成为一颗白矮星。类似的命运也在等待着我们自己的太阳，从现在起大约50亿年以后吧。

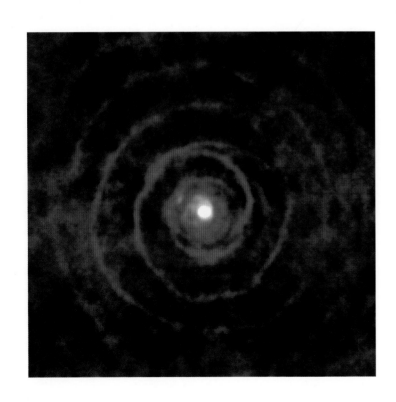

第80页和第81页图：这张壮观瑰丽的哈勃望远镜照片展示了被称为仙后座A（仙后A）的巨大的超新星爆发时散落的碎片。大约350年前，在地球上可以观测到一颗大质量恒星在它的生命终点发生爆炸，残骸飞溅到周围的太空中。由于这颗超新星的残骸在银河系中距离我们相对较近（只有大约1万光年远），哈勃望远镜已经能够追踪高温气体和尘埃碎片的运动生成图像，其中一些碎片的运动速度超过4 800万千米/时！

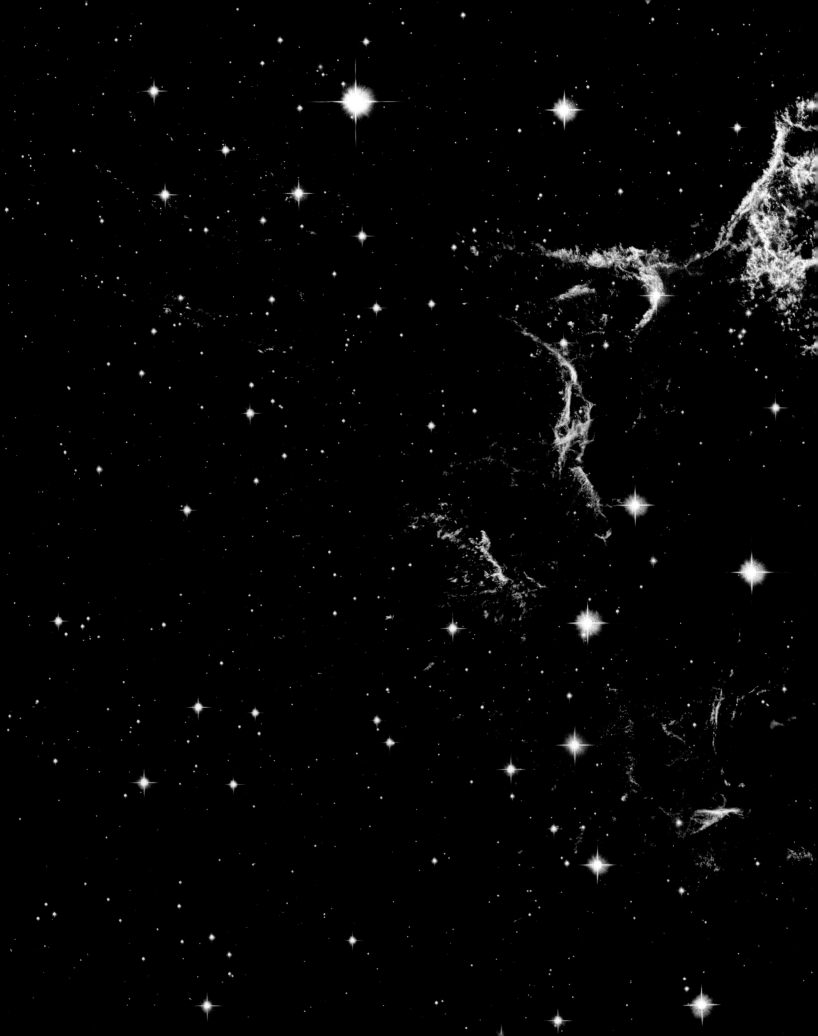

巨大的膨胀气泡

2005年1月

另一个关于碳星（参见第78页，螺旋星云）令人惊叹的例证是被称为鹿豹座U或简称鹿豹U的冷红巨星，距离我们1 500光年，位于鹿豹座，在北天极附近。就像许多在生命历程中稳定的氢燃烧阶段即将结束时的红巨星一样，鹿豹U偶尔也会经历脉动，将恒星大气的外层剥离到周围的太空之中。

地基望远镜和哈勃望远镜的图像显示，在相对较近的时候（在地球上观测也许只有700年或800年前）的一次这样的脉动中，鹿豹U喷出了一个由气体和尘埃组成的薄薄的特别圆的球形外壳，然后扩散为一个直径超过4 000个天文单位（地球和太阳之间的平均距离）的细薄气泡。根据恒星演化模型和对其他碳星的观测，鹿豹U很可能每隔几千年就会吹出这样的气泡，在它的氢的供给完全耗尽之前，这种情形还会持续，然后它开始在内部深处合成氦。

鹿豹U和其他碳星偶尔会吐出这样的气泡，因为它们在氢开始耗尽时就会经历短暂的"壳层氦闪"。随着时间的推移，氦丰度和压力不断增加，最终在恒星核心周围的一层产生氦聚变，从而使其温度变得更高，就会产生这样的闪耀现象。当温度升高时，它的体积会膨胀，疏浚恒星深处形成的元素（比如碳），降低内部的压力，并停止氦的聚变。然而，在膨胀过程中，相当大的质量会迅速消失在太空中。在反复的壳层氦闪中，这颗恒星会丧失大量的初始大气，以至于最后，它的残余部分会变成一颗热的白矮星（见第106页）。

这些残余物发出的强烈紫外线辐射可以电离周围的气体和尘埃，使恒星先前被吹散的黯淡外壳散发出行星状星云的美丽的色彩。这样，这些恒星就在恒星际空间"播撒"下了在壳层氦闪过程中产生的灰碳和其他重元素，为巨分子云提供了原料，其中一些分子云会坍塌形成下一代的恒星，这些恒星将在它们内部或通过它们的死亡爆炸合成更重的元素。

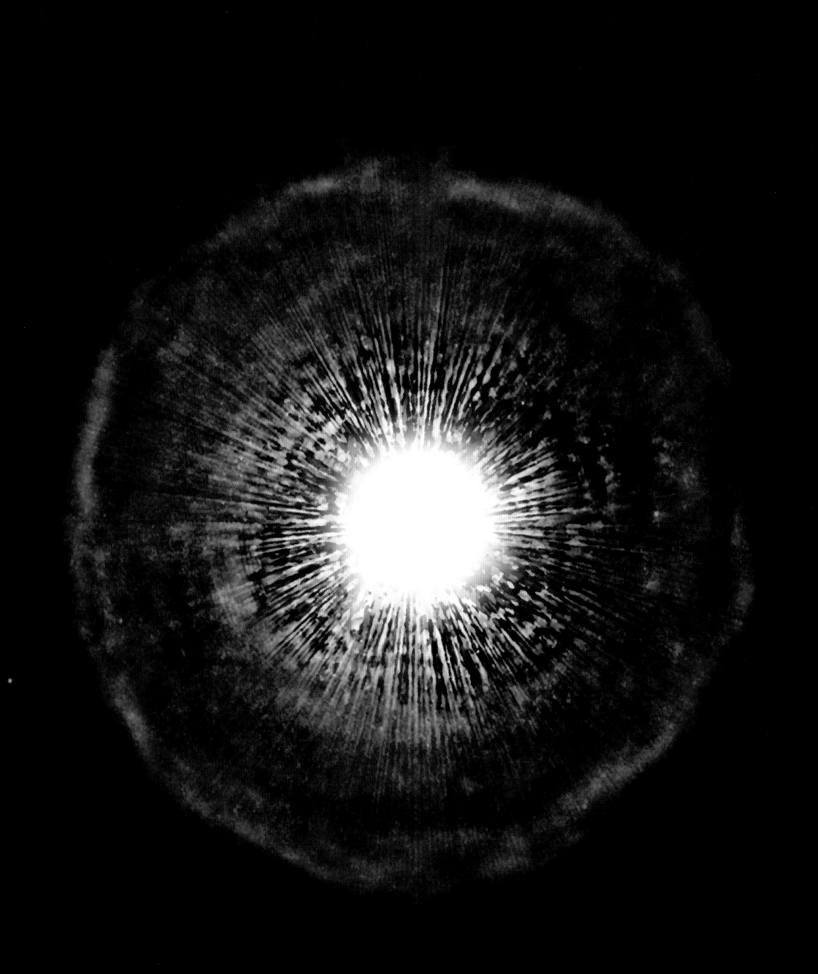

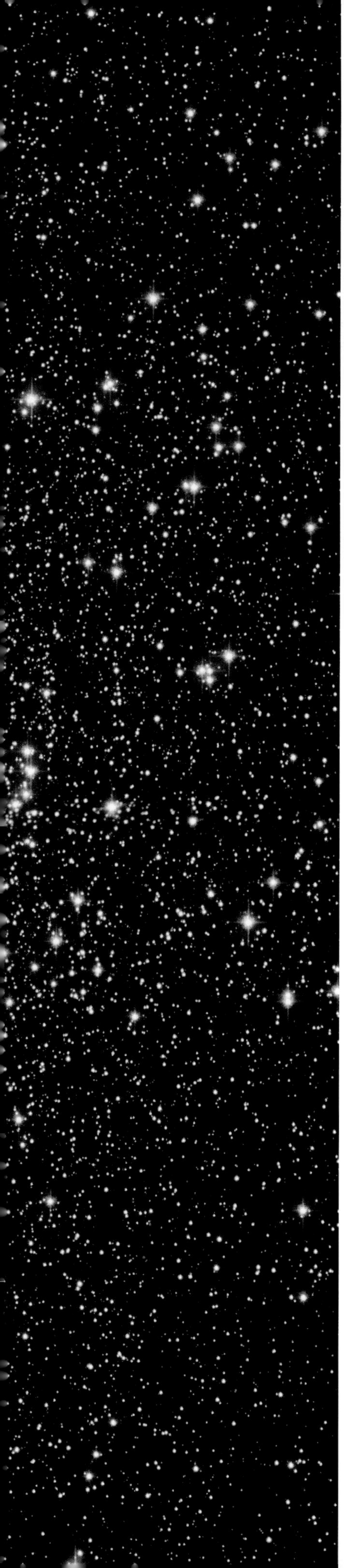

完全球状

2006年5月

像许多其他星系一样，我们的银河系里分布着一大堆密密麻麻挤在一起的恒星集群，它们被称为"球状星团"，因为它们的形状大致呈球形。这些星团每个都由数百万颗恒星组成，每个星团里的恒星都围绕着它们的共同质心运动，而这些星团则作为一个整体围绕星系的质心运动。球状星团代表了宇宙中一些最密集的恒星集群。

梅西叶9（M9）这个星团，由法国天文学家查尔斯·梅西叶于1764年首次发现，这是他著名的星云和星团列表中所罗列的110个非恒星天体中的第九个。梅西叶的望远镜只能看到这个天体好像一块斑迹，因此他将这个星团归类为星云。18世纪后期，天文学家可以分辨出一些远离该天体中心区域的单体恒星，显示它实际上是一个紧密排列的星团。幸亏有高分辨率的哈勃空间望远镜，现在可以辨识出一直到星团中心区域的每一颗恒星。

梅西叶9距离地球约2.5万光年，位于银河系中心附近，从哈勃望远镜的图像中可以识别出星团中超过25万颗的恒星，整个星团的总亮度大约为太阳的12万倍。由于梅西叶9距离我们的太阳系非常遥远，而且它在天空中的角直径相对较小（约为满月宽度的1/3），所以无法用肉眼看到梅西叶9，至少需要一架小望远镜才可以看到。

梅西叶9中的恒星和大多数球状星团中的恒星一样，都非常古老，被认为是在120亿年前形成的宇宙的第一代恒星。这些所谓的"星族II"恒星的构成与诸如我们的太阳（一颗"星族I"恒星）这样的年轻恒星非常不同。具体来说，星族II恒星几乎完全由氢、氦和其他轻元素构成，这些成分形成于大爆炸和宇宙成长的最早期。星族II恒星缺少像碳、氧和铁这样的重元素，而较为年轻的星族I恒星则含有这些元素，因为这些较重的元素只有当较老的恒星在超新星爆炸或其他剧烈的临终迸发中死亡时才能形成，这种爆炸和迸发会将这些较重的元素播撒到太空中。

左图：哈勃望远镜的ACS蓝色、绿色和近红外波段的合成照片，拍摄的是梅西叶9球状星团。哈勃望远镜的分辨率可以辨识星团中心区域的单颗恒星。在这张拍摄于2006年5月31日的彩色合成照片中，偏红的颜色代表较冷的恒星，而偏蓝的颜色则代表较热的恒星。

宇宙珍珠

2006年12月

　　1987年2月下旬，世界各地的天文学家记录到一颗明亮的星星突然出现在围绕银河系运行的小星系大麦哲伦云星系当中。这颗被称为超新星1987A（SN 1987A）的恒星很快成为天空中几百颗最亮的恒星当中的一员，接着，又在随后的几周和几个月里慢慢地淡出视野退回天幕。SN 1987A距离地球约16.8万光年，是自1604年观测到"开普勒超新星"以来距离我们最近的一颗爆炸恒星，使人类第一次有机会利用现代仪器，详细研究这类恒星在死亡来临之际如何剧烈挣扎和动荡。

　　哈勃空间望远镜上的仪器套件是研究这一罕见自然现象的关键部件。虽然暗淡的前身蓝巨星的爆炸发生在哈勃望远镜发射之前，但超新星的爆炸余波随着时间的流逝却持续存在并不断演变，为冲击波对星际气体的影响以及恒星爆炸后新元素的形成提供了一个独特的研究视角。

　　在超新星爆炸发生之前，大质量的前身星（可能是我们太阳质量的20倍）被认为经历了典型的临终恒星周期，其中包括当它变成红巨星和之后的蓝超巨星时，把巨量的质量散落到附近的太空中。印证这一历史演变的证据在爆炸发生数年后戏剧性地出现在哈勃望远镜拍摄的照片中，当时，这颗超新星的冲击波穿透了远在数万年前随着恒星明显长大而释放出来的气体和尘埃层。具体说就是，冲击波似乎正在加热和电离恒星周围的物质，导致它的斑点"被点亮"，成为在以爆炸点为中心的跨度约1光年的明亮光环中一系列更加明亮的光点。哈勃望远镜观察到，随着冲击波深入周围的气体和尘埃，这些光环随之也会变得更加明亮。

　　在某个时间点，尽管具体的触发事件依然是诸多争论的焦点，蓝超巨星的核心密度变得非常之高，以至于它会猛烈地坍塌，释放出大量的能量，并同时触发恒星的死亡和从地球上观测到的超新星爆炸。令人不解的是，无论是哈勃望远镜还是在光谱的其他诊断区域的天文台都没有观测到在这样的超新星爆炸后预计应该存在的致密的恒星残骸（就像中子星——超级小型、超高密度的中心恒星，被剥离了质子和电子，而只剩下中子）。SN 1987A的残骸预计还会持续发亮并演化几十年的时间，因此，欲知后事如何，需等未来分解。

右图：哈勃望远镜的ACS假彩色照片，拍摄的是超新星1987A不断膨胀的环形残骸，这是近400年来离我们太阳系最近的一次大规模恒星爆炸。

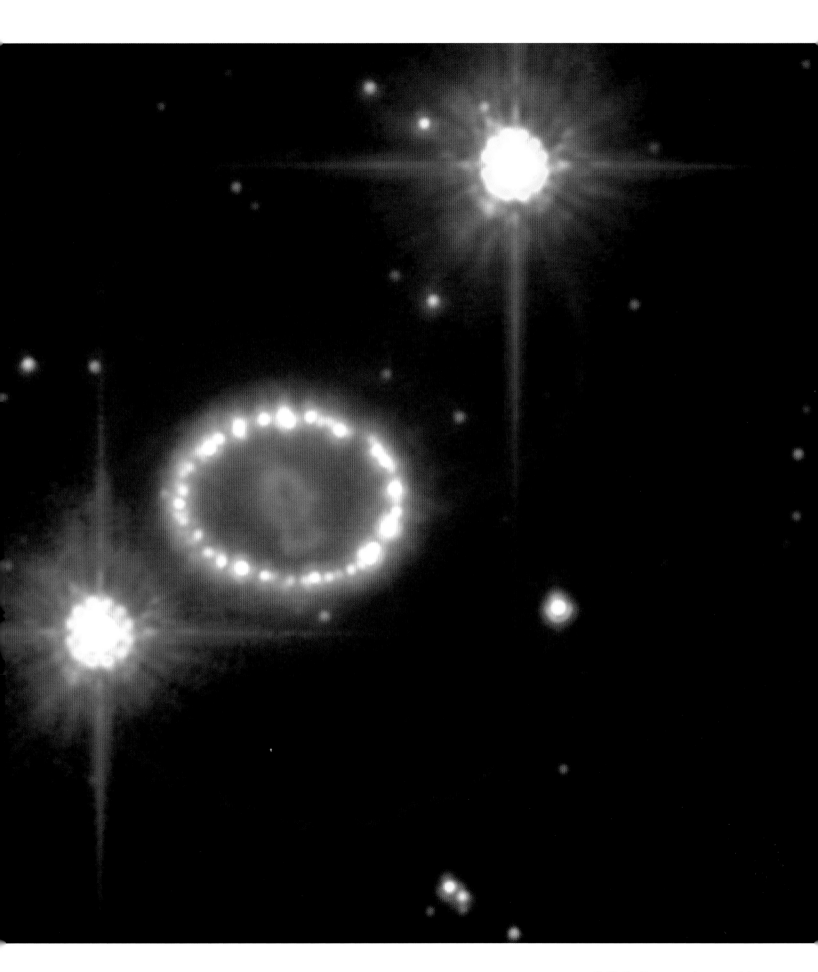

猛犸象星群：
生命迅急，英年早逝

2008年11月

恒星的大小、质量和亮度的上限是多少？天文学家已经了解到，比我们的太阳大得多、质量高得多的恒星寿命都比较短，通常会以壮观瑰丽的方式死亡（见第86页，宇宙珍珠）。但是，在它们灾难性的最终命运到来之前，它们能变多大呢？

天文学家寻找最大、最亮恒星的一种方法，就是在气体和尘埃云附近寻找亮光和热能的来源。其中最大的邻近区域之一就是船底座星云（NGC 3372）——一个由气体和尘埃组成的巨大的恒星形成区，覆盖了南天球超过16个满月大小的区域。船底座星云本来就很大（直径近500光年），横亘大片夜空，因为它距离我们的太阳系只有8 500光年。哈勃望远镜和其他天文台对船底座星云中的亮星进行了详细研究，已明确识别出两颗具体的恒星，分别被称为WR25和Tr16-244，由于它们的超级高温特质，这两颗恒星照亮了星云的一部分。

WR25是一颗年轻的（只有几百万年的历史）超巨星，是整个银河系中最亮的恒星之一，它的亮度大约在太阳的150万到600万倍之间。我们之所以无法精准确定它的亮度，与它的亮度深深嵌入气体和尘埃星云而衰减有关。WR25与Tr16-244（另一颗超级高温、超级明亮的年轻恒星）以及其他恒星一样，是一个名为特朗普勒-16的年轻星团中的成员。这些炽热的年轻恒星在光谱的紫外波段辐射出巨大的能量，从而加热和电离它们仍在演化中的恒星温床周围的气体和尘埃，产生了船底座星云壮观瑰丽的色彩和结构。这也是哈勃望远镜对了解它们如此重要的部分原因，因为紫外波段的观测无法从地球表面进行。

从高分辨率图像，尤其是哈勃望远镜的图像可以看出，WR25是一个双星系统的一部分，而Tr16-244则是一个三星系统的一部分。巡天结果表明，这种大质量的多恒星系统在像特朗普勒-16这样年轻紧致的星团中比较常见，环绕彼此运行的伴星之间的恒星物质交换可能是这类恒星演化和最终消亡的一部分重要原因。像WR25和Tr16-244这样庞大的恒星长得快、死得早，使研究它们成为一种挑战，不过同时它们也成为了解恒星演化细节的重要基准。

左图：哈勃望远镜的ACS仪器蓝色、绿色和红外波段的彩色合成图，拍摄的是称为特朗普勒-16的星团中的大质量恒星WR25（最亮的恒星，中心区域）和Tr16-244（第三亮的恒星，就在WR25的左上角），位于南天球的船底座。中间偏左的明亮的微微发红的恒星距离地球要近得多，与星团中的其他恒星没有关联。

年轻、多尘、多气

2009年3月

巨大的气体和尘埃云团在自身引力作用下开始缓慢收紧和压缩，其中心区域变得紧实致密，当这里的高压和高温条件开始引发核聚变时，恒星就形成了。随着"原恒星"云的演变，不同类型的"原恒星"，即成熟的氢燃烧的恒星的前身，会随之形成。有一类重要的原恒星被称为金牛座T型星，以在金牛座中被详细研究的第一颗原恒星命名。

金牛座T型星是年轻的恒星状天体（大概年龄1 000万年或更年轻一些），目前还处于在不断收缩的巨大分子云中形成的过程。尽管它们仍然由于云团的引力收缩而释放出大量的能量和辐射，但它们是变星，中心温度过低，无法进行氢聚变。金牛座T型星散发出超过太阳1 000多倍的X射线和射电能量，它们所拥有的强大的"星风"能将高能粒子喷射到附近区域。在经历了大约1亿年如此暴烈的青春期之后，金牛座T型星通常会进入一个相对平静的恒星生命周期，就像我们自己的太阳一样，成为一颗循规蹈矩的"主序"星。

哈勃望远镜详尽地观测了大量的金牛座T型星及其周边区域，为像我们太阳这样的恒星的早期演化提供了丰富的信息。一个绝好的例子是哈勃望远镜拍摄到的天鹅座V1331，这是一个年轻的恒星状天体，距离我们大约1 800光年，位于北天球的天鹅座。天鹅座V1331仍然被巨大的气体和尘埃云的盘状残骸所包围，它正在其中逐渐形成。然而，我们是幸运的，因为我们正好从恒星的一个极点方向往下看，在那里，从恒星强大的磁场中喷射而出的气体喷流在视线方向清除了周围的气体和尘埃（参见第96页，太空间歇泉：年轻的星云状天体）。绝大多数其他的金牛座T型星都在视线方向躲藏得更加隐蔽，因为我们看到的都是盘的侧面，它们透过周围坍塌中的气体和尘埃盘只能露出非常暗淡的光芒。

巨大的半人马座欧米茄

2009年7月

　　一个最亮和最大，因此也最为著名的球状星团（参见第85页，完全球状）被称为半人马座欧米茄。它位于南天球的半人马座，距离我们1.7万光年，由近1 000万颗恒星组成，在天空中覆盖的角度大小与满月差不多。在黑暗的农村地区，肉眼就可以看到这个星团。半人马座欧米茄的质量总和约为太阳质量的400万倍，是我们银河系里约150个球状星团中质量最大的一个。假设这个星团中的任何一颗行星上住有居民，那他们就会看到比地球天空亮100倍以上的夜空。

　　许多球状星团都包含质量和年龄基本相同的恒星，这些恒星都是由最初同一个（巨大的）气体和尘埃云形成的。但是半人马座欧米茄不同。哈勃望远镜的高分辨率观测显示，它的恒星呈现出非常不同的颜色分布，这意味着这些恒星具有非常不同的大小和年龄分布。白色恒星和黄色恒星是典型的中年恒星，它们的质量与我们的太阳相差不是特别大。明亮的蓝色恒星是年代久远的、大质量的高温恒星，正在走向它们的暴烈（爆炸）的终点。亮红色的恒星是温度较低、质量较小的巨星，正步入较为温和的终结阶段，而暗红色的恒星则是温度更低的矮星，注定会继续着它们的氢燃烧走向未来。

半人马座欧米茄星团中许多恒星都很古老，年龄在100亿到120亿年，这可以追溯到我们宇宙最早期的几十亿年。根据这一事实，加上星团中相对较年轻的（类太阳的）恒星，天文学家认为，半人马座欧米茄是一个小矮星系的古老残骸，很久以前被银河系的引力撕裂，将气体、尘埃和许多恒星从假设的那个前身星系中撕扯出来，剩下了一个密集而混合的星群。

哈勃望远镜可以观测星团中独立的单颗恒星，随着时间的推移测量它们的相对运动。这导致了一场引人瞩目的争论，因为，一些对观测到的恒星运动结果的解释认为，在半人马座欧米茄的中心存在一个黑洞（一个超大质量天体，光都无法从中逃逸；参见第136页，一个巨大的黑洞回以凝视），质量是我们太阳的1万倍以上，而其他一些解释则与这个假设不一致。为了解决这场争论，可能需要对半人马座欧米茄中的恒星运动进行更多的高分辨率监测。

上图：哈勃望远镜的ACS宽视场通道的彩色合成图像，拍摄的是半人马座欧米茄球状星团的核心区域。这张星团照片拍摄于2002年至2009年，旨在追踪恒星随时间流逝而发生的相对运动来寻找星团中心存在一个黑洞的证据（目前仍然是间接证据）。

变星：银河系外的烛光

2010年3月

虽然大多数恒星的整体亮度（光度）在其漫长的生命周期中以缓慢的、可预测的方式发生变化，但有些恒星在相对较短的时间内也会在这方面发生巨大的变化。这些"变星"是天文学家非常感兴趣的，因为它们的光变通常可以为恒星内部的物理和恒星演化过程提供重要的证据。

然而，有一类变星提供了与天文学家所寻求的完全不同且极为重要的信息：距离。这类恒星被称为"造父变星"，以18世纪第一颗被详细研究的这种变星仙王座δ（中文名为造父一）命名，这类恒星接近生命历程中氢燃烧阶段的末期，它们以非常有规律的方式进行周期性脉动，这种周期就像钟摆的摆动一样容易预测。但更重要的是，哈佛大学天文学研究人员亨丽埃塔·斯旺·利维特及其同事在20世纪初发现，这些造父变星的光度与它们的脉动周期成正比。

这就是说，如果你能监测任何一颗造父变星变亮、变暗、再变亮到原来亮度所需的时间，你就能知道这颗恒星的固有光度。将其与从地球观测到的亮度进行比较（亮度与天体到我们的距离的平方成反比），就可以知道你到那颗恒星的距离。造父变星通常被称为天文学家的"标准烛光"，因为它们能够提供已知的亮度水平，据此可以按比例计算出我们与天体之间的绝对距离。

哈勃望远镜观测到了许多造父变星，可据此来估算宇宙的大小。一个正中此意的例证是船尾座RS，这是一个经典造父变星，距离地球只有6 500光年，脉动周期约为40天。哈勃望远镜已经制作了"光回声"（参见第76页，光回声）的延时动画，回声通过反射的、脉动的星光穿过环绕在船尾座RS周围的黑暗气体和尘埃星云而发出闪烁的微光。

在其他星系中观察到的造父变星尤其强大，它最早提供了可靠的方法来估算我们到其他星系的距离，从而为估算宇宙的巨大规模提供了一些较早的证据。哈勃望远镜卓越的分辨率和精确度不仅提供了一种甚为精准地描述造父变星周期的方法，同时也提供了一种探测宇宙中那些极遥远天体的方法，从而将我们关于绝对距离的知识大幅度地扩展到银河系外的天体。

左图：哈勃望远镜的ACS可见光波段合成照片，拍摄的是南天球变星船尾座RS，它是我们天空中最明亮的造父变星。船尾座RS比我们太阳大200倍，光度是我们太阳的1 500倍，它镶嵌在一个由气体和尘埃组成的星云中，借助恒星反射的光发出微光。

太空间歇泉：
年轻的星云状天体

2011年4月

宇宙可以成为一个剧烈震荡的地方，有爆炸的恒星、碰撞的星系和合并的黑洞，还有为将巨大的能量和辐射释放到周围空间提供可能性的其他天体物理事件。当然，恒星是有史以来观测到的最具活力的天体物理事件的一个主要源泉，不仅濒临死亡的恒星是这样，新生的恒星也是如此。

事实上，有整整一类在剧烈环境中诞生的天体都与一些新生恒星有关。它们被称为赫比格–阿罗天体，以最早对它们进行详细研究的天文学家的名字来命名，这些天体是一些由年轻恒星高速喷射的电离气体形成的湍流斑块。当被电离的气体与附近一直环绕在这些新兴年轻恒星周围的星云保护罩中的气体和尘埃发生碰撞时，它也可以加热和电离这些物质，在年轻恒星的周边产生五彩缤纷、充满活力的星云状天体。

哈勃望远镜卓越的空间分辨率和光谱能力为目前已知的500多个赫比格–阿罗天体提供了重要的新见解。最典型的例子是哈勃望远镜的WFC3为赫比格–阿罗110（HH 110）拍摄的照片，一个高温气体喷泉从距离地球大约1 500光年的猎户座大星云附近的一颗新生恒星喷涌而出，而这颗恒星自己却仍然大部分笼罩在形成它的浓密气体和尘埃云之中。

当新的恒星在坍塌中的气体和尘埃云中诞生时，会出现像HH 110这样的喷流结构。虽然形成这些喷流的确切过程还不完全清楚，但基本的模型是，流入新形成的中心恒星的星云物质受年轻恒星的强磁场影响而被改变方向，同时速度也被提升到非常之高。

这些磁力线集中在恒星的极区，气体和尘埃在温度和速度都升高后被"准直"（聚焦或对齐）形成紧实的喷流飞离恒星。许多赫比格–阿罗天体都是以双极喷流的形式成双结对地出现，从恒星的南北两极喷流而出。HH 110是一个较为罕见的例子，只能看到一股喷流从新生恒星流出（另一股喷流要么隐藏在周围的星云中，要么可能与附近的另一个赫比格–阿罗天体有关，留下它或者HH 110被周围的星云改变方向）。

像HH 110这样的天体，其生命是短暂的，大概只能存续几万年，而且变化很快。因此，哈勃望远镜的分辨率使我们能够跟踪到这些特征如何随时间流逝而演变，为早期恒星形成过程提供了新的视角。

右图：哈勃望远镜WFC3拍摄的赫比格–阿罗110的假彩色合成照片，一个高温气体喷泉从新生恒星中喷涌而出。这些观测是在2011年4月25日进行的，选用近红外滤光片是为了让高温气体、附近星云尘埃和背景的恒星及星系之间的对比度达到极限。

黑洞太阳

2006年3月—2014年1月

　　并非所有球状星团都拥有挤满恒星的中央核心区域（参见第85页，完全球状），比如位于南天球船帆座的被称为NGC 3201的星团，由数十万颗恒星组成，它们围绕着一个共同的质心运行，但分布范围比其他星团要广阔得多。NGC 3201距离地球约1.6万光年，恒星的总质量是太阳的25万倍以上，可以提供独特的信息解释为什么一些星团的形成和演化与其他星团不同。

　　NGC 3201是被引力束缚在围绕银河系中心旋转的轨道上的大约150个球状星团中的一个。像大多数其他星团一样，它是一个古老的恒星集群，年龄可能超过100亿年，或超过宇宙年龄的75％，但它是一个不同寻常的星团，因为它围绕银河系运行的速度远比其他星团要快得多，而且它绕着银河系中心运动的方向跟几乎所有其他星团相比是反着的，这些特征都说明了这个星团的某种独一无二的起源和/或历史。

　　一些天文学家猜想，NGC 3201可能是完全独立于银河系而形成的，只是后来被我们银河系的引力所捕获。这一猜想的问题是，在NGC 3201当中的恒星的化学成分与环绕银河系运行的其他球状星团的化学成分基本相似，这意味着它们都是在类似的环境中形成的，并且与银河系有关。因此，造成NGC 3201的速度和轨道方向异常的原因仍不清楚。

　　哈勃望远镜的高分辨率能力，加上地基天文台的成像和光谱设备，有助于找出关于NGC 3201的一些重要线索。例如，几十年来，哈勃望远镜和地基天文台对特定恒星的个别运动的观测已经发现证据，表明在星团的恒星之间至少存在一个黑洞，这是第一次在球状星团内部发现这种直接证据。

　　球状星团NGC 3201许多神秘和奇怪的特征是如何形成的，目前仍不清楚，因此需要哈勃望远镜和其他地基和空基天文台的后续观测来解开这些谜团。

右图：古老球状星团NGC 3201的哈勃望远镜ACS+WFC3彩色合成图像，由2006年3月至2014年1月拍摄的从紫外波段到近红外波段的多滤光片照片生成。NGC 3201位于南天球船帆座，它的光线太暗，无法用肉眼看到。

新的高温年轻恒星

2015年5月

银河系的中心是一个繁忙的地方。我们知道，像大多数星系一样，在我们的星系中栖息着一个超大质量黑洞（超过太阳质量的400万倍；参见第136页，一个巨大的黑洞回以凝视）。来自地基设施和哈勃望远镜的高分辨率图像已经能够揭示在银河系中心黑洞附近围绕它运动的其他天体的详细情况，其中就包括3个极其致密的年轻星团。

其中一个星团被称为圆拱星团（位于人马座），由整个星系中最亮的一些恒星里面的大约150颗大质量恒星（加上数千颗小质量恒星）组成。尽管圆拱星团有着惊人的亮度，但从地球上肉眼是看不见的，因为它的光被位于银河系中心附近稠密的气体和尘埃大幅度减弱了。圆拱星团中的恒星排在一起的紧密度超过银河系中其他任何地方。事实上，这些恒星之间的距离极近，如果把它们复制在我们自己的太阳周围，那么在太阳和4.2光年以外离我们最近的恒星半人马座阿尔法星（中文名为比邻星）之间的空间里，就会有超过10万颗恒星。

在围绕圆拱星团中的恒星运行的行星上，不太可能有什么居民能够享受到繁星满天而又明亮瑰丽的夜空，如果有，从天文学的角度来看，他们也不会存在太久。星团中的大多数恒星都相当年轻（年龄只有几百万年或更短），它们会在最多几百万年的时间里将氢燃料燃烧殆尽。这些炽热的大质量恒星注定会在壮观的超新星爆炸中死去，这会在它们周围散播气体、尘埃和重元素，进而形成新的高温的年轻恒星。

但是圆拱星团及其近邻的靠近星系中心的星团（五合星团和中心星团）不太可能形成很多代的新的恒星。圆拱星团距离银河系中心的超大质量黑洞人马座A*只有大约100光年的距离。星团恒星和黑洞之间的近距离接触以及引力相互作用很可能会在1 000万年或更短的时间内将这3个星团撕开。

上图：哈勃望远镜的ACS仪器近红外假彩色合成图像，拍摄的是圆拱星团，该星团位于2.5万光年之外，非常靠近银河系的中心。圆拱星团是银河系中心附近3个年轻的大质量星团中的一个，这些星团在已知宇宙中拥有单位体积内最多数量的恒星。

左图：这是一张哈勃望远镜WFC3假彩色拼接照片，展示了银河系中心深处区域的数百万颗恒星编织而成的锦簇绣帷。银河系的这个中心区域距离我们约2.7万光年，云集了如此之多的恒星，就像把100万个太阳塞进了我们的太阳和离它最近的邻居半人马座阿尔法星之间的空间。在这个密集的星团中心潜藏着的是一个黑洞，据估计它的质量是我们太阳的400多万倍。

星云

创生之柱

1995年4月

有个别照片会成为它们摄影师的象征，比如：安塞尔·亚当斯的《半圆顶》或安妮·莱博维茨的《约翰和洋子》。如果哈勃望远镜也有这么一张可以代表它的象征性照片的话，那就是这张，高耸的气体和尘埃柱镶嵌在巨蛇座的鹰状星云里，画面令人叹为观止。这一幕太引人瞩目了，颜色那么绚烂多彩，构图那么优美，从科学角度那么富于重要性和影响力，所以人们称之为"创生之柱"。

鹰状星云的体积较小，亮度较暗（肉眼勉强能够看见），于18世纪中期前后通过望远镜第一次被观测到。即使在早期观测中，也能发现它有一个显著的特征，即星云内出现了许多暗色剪影，与明亮的红白色星云气体和散布于星云各处的许多亮蓝色、白色及红色的恒星形成鲜明对比。这个星云状天体实际上与一个由8 000多颗恒星松散地组合在一起的星团有关联，这些恒星分别处于不同的形成和演化阶段。

其中的一个暗色剪影以前只被视为星云中的一个斑痕，而哈勃望远镜出色的视觉分辨率令它变得无比清晰。剪影像石笋一样从一个诡异的洞穴中拔地而起，由冰冷的恒星际含氢气体和富碳尘埃一起形成的柱状体从分子云其余部分的内壁延伸到2~4光年远的地方。这些星柱的三维蛇形轮廓正被强烈的紫外线辐射和星风雕刻着、塑造着，辐射和星风来自镶嵌在星云周边的（就在这张照片的上部边缘）新形成的高温年轻恒星。靠近星柱顶端密度更高的气体和尘埃区域，有点像溪流中的岩石，保护着部分气体和尘埃"顺流而下"，免遭强烈星风的侵蚀。

"创生"是描述银河系这部分环境最恰当不过的词语。暗分子云包含了前几代年老恒星的遗骸，它们成为新恒星的组成部分。几乎可以肯定的是，在柱状星云深处以及星云的其他地方新形成的大多数恒星周围，有一小部分气体和尘埃正凝聚为没有落入母恒星的岩石和冰，正在创造出可能成为生命的新栖息地的新的行星。

第102页和第103页图：这张壮观的哈勃望远镜WFC3照片，显示的是珊瑚星云［梅西叶8（M8）/NGC 6523］（封面上有特写）的一部分，这是4 000光年之外的一个巨大的恒星形成区，位于人马座方向。大部分的活动围绕着这个假彩色合成图的蓝绿色区域进行，在那里有一颗强大的称为赫歇尔36的年轻恒星（比我们自己的太阳亮20多万倍）正破茧而出，它用强大的紫外线辐射和高速星风电离并侵蚀着周边的气体和尘埃。

右图：哈勃望远镜WFPC2假彩色照片，拍摄的是鹰状星云，又名梅西叶16（M16），是一个位于6 500光年之外的邻近恒星形成区，位于巨蛇座方向。这种颜色组合显示的是来自电离硫（红色）、氢（绿色）和双电离氧（蓝色）的光。

沙漏星云

1995年7月

随着时间的推移，哈勃望远镜的分辨率和灵敏度不断提高，使它能够揭示遥远天体错综复杂的细节，也使天文学家能够梳理出它们的起源和演化历史。例如，哈勃望远镜拍摄的行星状星云照片（参见第82页，巨大的膨胀气泡）和地面观测相比展示了前所未有的细节，使得这些美丽结构的物理本质得以建模和理解。

例如，哈勃望远镜给MyCn 18星云拍摄的分辨率一度较差的照片显示，围绕中心恒星残骸的结构有一个出人意料的雅致的沙漏形状。此后这颗濒临死亡的类太阳恒星的发光遗骸一直被称为沙漏星云，哈勃望远镜的数据揭示了它的物理特征和成分特征中不易觉察的细节。

当质量与太阳相差不大的普通恒星日渐变老，并开始耗尽其氢燃料的供给时，它们会开始脉动，并急剧膨胀为红巨星。在这一过程当中，恒星将大量的气体和尘埃从它的外层大气释放到附近的太空当中。一旦氢全部耗尽，其中一些恒星就会收缩成热白矮星。来自这些恒星残骸的高能辐射可以电离它们周围的气体和尘埃，使恒星先前脱落的外壳发出壮观绚丽的彩色图案。天文学家称这些结构为行星状星云，尽管它们与行星毫无关系。当我们的太阳大约50亿年后开始膨胀和脱落它的外层时，同样的命运也在等着它。

但是，是什么造成了沙漏的形状和这颗恒星残骸壁上精巧的弧形图案呢？一些天文学家已经证明，从理论上讲这样一个形状可以由高速吹过星云的星风导致，这种星云在恒星赤道附近的密度要比沿着极轴方向的密度大。因此，云层在高纬度地区会扩张得比较大一些，从而形成沙漏状的图案。

然而，哈勃望远镜照片揭示的星云细节并不能很好地与这个理论模型相吻合。例如，炽热的中心恒星偏离了沙漏的对称中心，第二个较小的沙漏图形似乎嵌在离恒星较近的星云当中。到目前为止，有关沙漏壁上的弧形图案的来源尚无定论。一个有趣但仍需要详细研究的猜想是，中心恒星有一颗不可见但能够产生足够大引力作用的伴星。

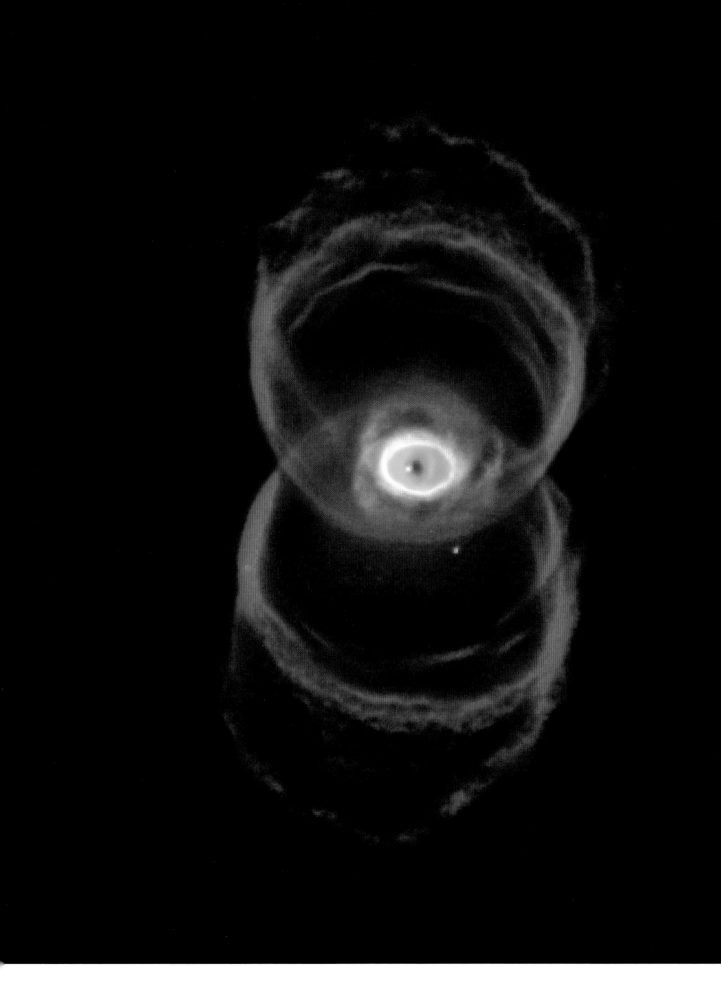

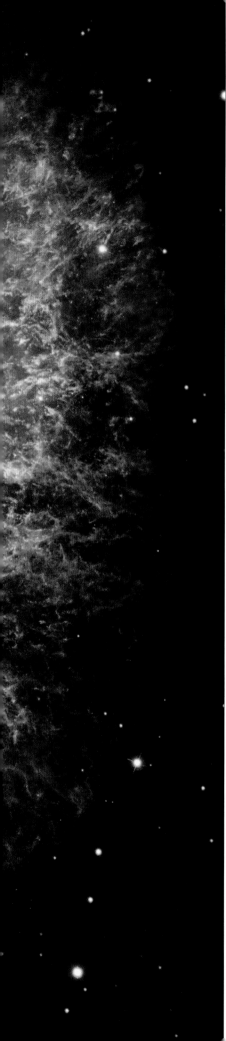

蟹状星云

1999年10月

在1054年的夏天，中国和日本的天文学家注意到一颗明亮的新的"客星"出现在夜空中，位于西方称之为金牛座的星座。除了太阳和月球，这颗星星比天空中的任何天体都要明亮，甚至有好几个月，在白天的天空中都可以看到它，几年后最终消逝在夜空中，再也无法用肉眼看到。这些天文学家在毫不知情的情况下，观测到了历史上有记录以来的第一次超新星爆炸——一颗大质量恒星的猛烈死亡。

18世纪早期到中期，人们第一次用望远镜观测到了一个星云，恰巧与记录的1054年的客星在同一位置。到了20世纪初，对星云的第一次光谱观测显示它正在膨胀。通过时光倒转，天文学家确定它必定是在900年前形成的。与1054年客星的关联并非巧合：那个星云（因其形状于1840年被命名为"蟹状星云"）是由与那颗客星相同的事件导致的。直到20世纪中叶，当人类最终了解了恒星的生命周期，这才意识到之前出现的客星是一颗超新星——一颗大质量恒星，因其来自核聚变的能量被消耗殆尽，而在一次灾难性的爆炸中自行坍塌。蟹状星云就是那次爆炸后一直在膨胀的超新星残骸，现在直径已达近11光年。

蟹状星云很大，距离我们相对较近（只有约6 500光年远），其长轴跨度大约为空中满月大小的1/4。1999年和2000年，哈勃空间望远镜使用众多不同的滤光片拍摄了数百张图像，构建了蟹状星云有史以来分辨率最高的拼图。橙色的纤维状气体代表最早的前身星（是我们太阳质量的8~10倍）留下的富氢的残骸，蓝色的内部辉光是残留下来的气体，这些气体被爆炸后幸存下来的中心恒星残骸所电离。

幸存下来的残骸是已爆炸恒星的超高密度核心（也许只有约30千米宽，但质量与太阳相当），它以每秒30圈的速度绕轴旋转，并发射出强大的伽马射线、X射线和无线电波脉冲。蟹状星云的中心恒星是最早被发现的"脉冲星"之一。脉冲星是快速旋转的中子星，其强大的磁场将其辐射汇聚成像灯塔一样的狭窄光束，横扫天空。

左图：哈勃望远镜的WFPC2蟹状星云的假彩色照片，它是一颗超新星于1054年爆炸后散落的残骸。这张彩色照片是由1999年10月通过用于探测电离硫（红色）、中性氧（绿色）和双电离氧（蓝色）的滤光片拍摄的多个单色图像合成的。

小丑脸星云

2000年1月

右图：哈勃望远镜的WFPC2拍摄的NGC 2392的假彩色照片，它也被称为小丑脸星云或爱斯基摩星云。这种颜色组合是用对氮（红色）、氢（绿色）、氧（蓝色）和氦（紫色）敏感的滤光片拍摄的图像合并而成的。

在哈勃望远镜和其他天文台拍摄到的照片中，行星状星云呈现出非常不同的大小、形状和颜色。这些不同反映了成为红巨星时首先向太空中抛撒星云的气体和尘埃的类太阳前身星的组成，也显示了后面留下的白矮星恒星残骸的后续活动水平。

大多数行星状星云的一个共同特点是它们本身就是圆形的，反映了前身的红巨星外层几近球形的膨胀和脱落。有时它们由多重球形外壳组成，说明质量多次损失到了太空里。因受到来自最终在星云中心形成的白矮星星风的影响，这些球形结构有时也会扭曲成其他形状（参见第106页，沙漏星云）。

哈勃空间望远镜对另一个著名的行星状星云（称为爱斯基摩星云或小丑脸星云）的成像，揭示了它的新结构，这种结构相对于在星云产生和演化过程中所经历的特定环境显得十分独特。自从天文学家威廉·赫歇尔（他还发现了天王星）于18世纪末发现了爱斯基摩星云，它的球形特征便开始为人所知。虽然后来的地基数据提高了星云形态照片的质量，但要研究星云结构的枝节末梢，仍需要借助哈勃望远镜的超高分辨率。

事实上，小丑脸星云的照片是1999年12月，在"发现"号航天飞机机组人员通过维修任务3A升级了哈勃望远镜的诸多功能之后，首次观测时拍摄的。得到的WFPC2照片展示了"皮猴儿"［来自爱斯基摩人（"因纽特人"旧称）的绰号］结构中包含的迷人细节，比如，有长达1光年的彗星状条纹从中心恒星呈放射状流出。明亮的中心区域也被分解成几个气泡（呈前后顺序排列），它们是被高速星风吹向太空的物质。

小丑脸星云距离地球大约5 000光年远，有可能形成于约1万年前，当时一颗濒临死亡的类太阳恒星开始将外层脱落到太空当中。这些物质以每小时超过11.5万千米的速度离开这颗恒星，现在正被来自高能白矮星的时速达150万千米的星风撞击和电离。

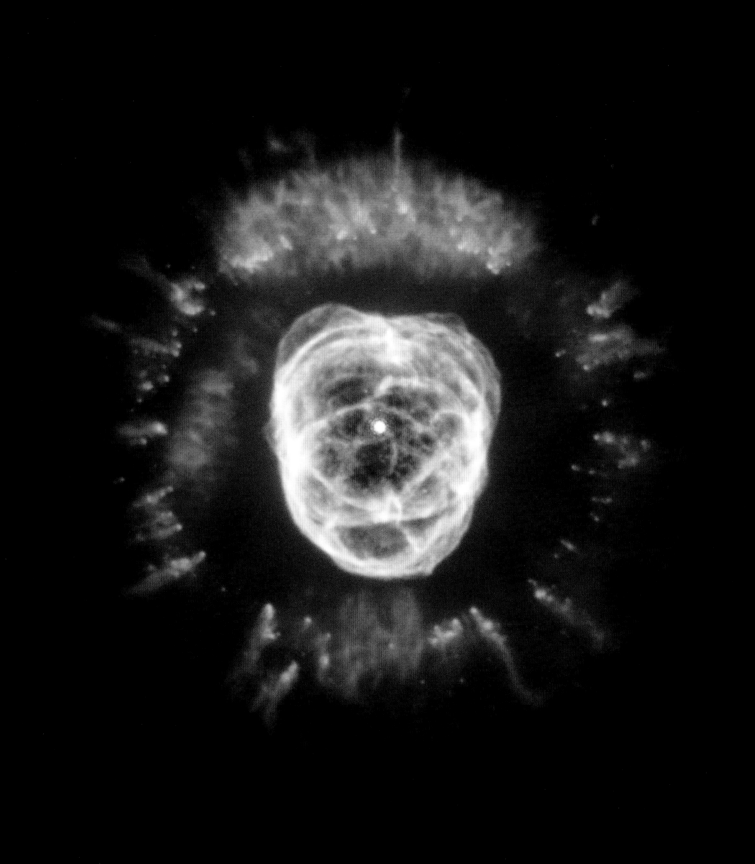

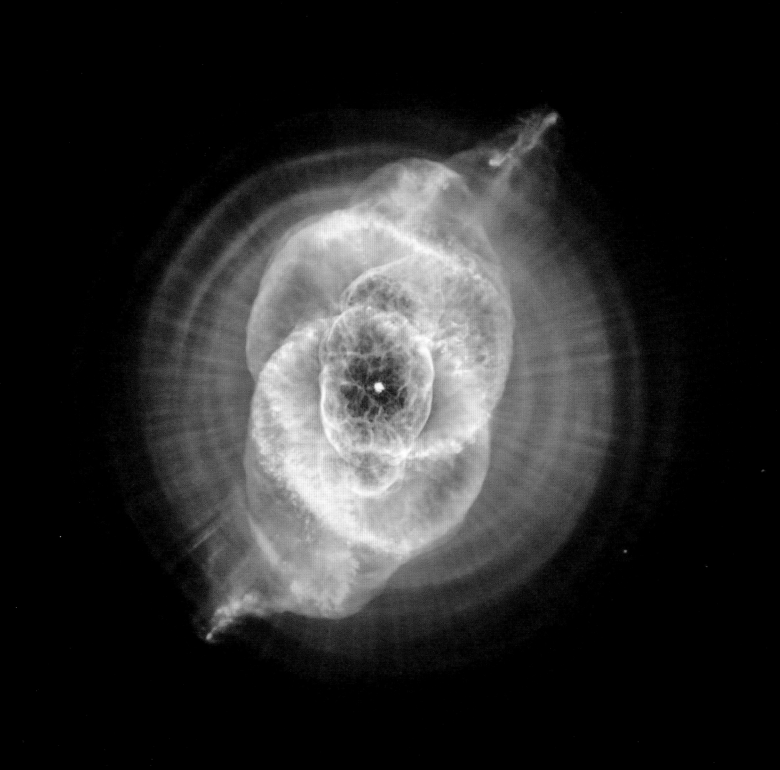

猫眼星云

2002年5月

　　猫眼星云是最早被发现的，从而也是被最广泛研究的行星状星云之一。1786年，天文学家威廉·赫歇尔第一次观测到了这一天体，以当时的望远镜技术，几乎观察不出模糊不清的云斑或"星云"的细节。1864年，猫眼星云成为同类星云中第一个利用光谱技术来进行测量的星云，来自它的光线被分解成几十种不同的颜色，揭示出它是由稀薄的电离气体组成的。后来地基仪器和望远镜分辨率的改进使得星云结构（并给星云起了一个跟猫有关的名字）中更多的细节被梳理出来，但要真正开始了解这个神秘的天体，还需要哈勃望远镜反复进行更高分辨率的成像观测。

　　1994年至2012年，哈勃望远镜对猫眼星云进行了数百次观测，覆盖了很大的颜色范围和成像/光谱观测模式，以发现它随着时间推移而不断膨胀的一些细节。星云距离我们约3 000光年，位于北天球的天龙座，其明亮的内核在天空中的张角只有满月的1%大小。这是一个年轻的天体，估计年龄只有大约1 000年。它的细枝末节，包括其形态（形状）随时间而发生的变化，均能在哈勃望远镜的照片中观察到。

　　例如，猫眼星云的中心区域被洋葱皮状的同心尘埃球壳（气泡）所包围，这些尘埃以大约1 500年的时间间隔周期性地从中心恒星喷出。高速的气体喷流（此处照片中的红橙色部分）穿过这些外壳迅速向外扩散，在有些地方，喷流产生的冲击波看起来正在形成聚集一处的气体结。令人吃惊的是，当中心恒星在死亡边缘痛苦挣扎时，尽管看起来有大量的物质被排放到太空中，但所有星云气体和尘埃的质量总和可能只有我们太阳质量的1%左右。

　　猫眼星云只是众多行星状星云中的一个，这些星云围绕着一颗炽热的中心恒星残骸，呈现出同心的牛眼状图案。关于这种图案是如何形成的有许多猜想，包括像我们太阳的黑子周期这样的周期性磁场活动，导致前身红巨星膨胀和收缩的周期性脉动，流出的星风所诱发的波所产生的影响，以及双星伴星在围绕中心恒星的周期轨道上所产生的影响。目前尚未找到一个确定的答案，因此哈勃望远镜和其他天文台仍将继续寻找更多的线索。

左图：哈勃望远镜的ACS/宽视场相机拍摄的猫眼星云（也被称为NGC 6543）的假彩色照片，这张照片是由对电离氮（红色）和两种不同波长的双电离氧（绿色和蓝色）敏感的滤光片拍摄的图像合并生成的。

螺状星云（又称"上帝之眼"）

2002年11月

离地球最近、最大、最绚丽多彩，也是最著名的行星状星云之一的螺状星云，也被称为NGC 7293（有时被通俗地称为"上帝之眼"）。虽然它暗得肉眼都无法看见，但它是所有行星状星云中最亮的星云之一，也是最早被望远镜发现和研究的星云之一。螺状星云距离我们只有700光年远，位于宝瓶座方向，在天空中的张角几乎相当于满月的大小。这使得它成为使用哈勃望远镜高分辨率图像进行详细研究的理想对象。

事实上，通过哈勃空间望远镜的照片发现螺状星云的特征和结构是一种复杂组合，与在其他任何行星状星云中看到的都不相同。星云的实际三维结构并不像拼叠图像所显示的那样，是一个略微拉长的圆环形状。更确切地说，中心恒星被一个圆环形的气体和尘埃盘所包围，而这个盘本身又被几乎垂直于内盘的第二个盘所包围。往更远的地方，则有更多的尘埃环、气体弧和冲击波锋前围绕着这些结构。还有一部分外环变得厚实，表明当星云在它的星系轨道上穿越太空时，它们会与恒星际物质发生碰撞。

螺状星云是第一个被认为具有"彗星结"的行星状星云，彗星结是星云状气体和尘埃的团块，它们拥有明亮的电离的"头部"指向中心恒星，而较暗的分子气体和尘埃的"尾巴"则呈放射状指向远方。实际上这些当然不是彗星（它们的头相当于我们太阳系的大小！），但你还是忍不住想把它们看作是从中心星风中吹出的气体和尘埃。据估计，螺状星云沿着其内盘的外沿有2万多个这样的彗星结。

螺状星云复杂结构的起源尚不完全清楚，但有一种可能性是，该星云的中心恒星有一颗尚未发现的双星伴星对该系统产生了强烈的引力作用。其中的一个气体尘埃盘也可能与濒临死亡的中心恒星有关，而另一个盘则在那对双星的轨道平面里。不管它的起源是什么，它的变化都很快，估计螺状星云的年龄只有大约1万年。

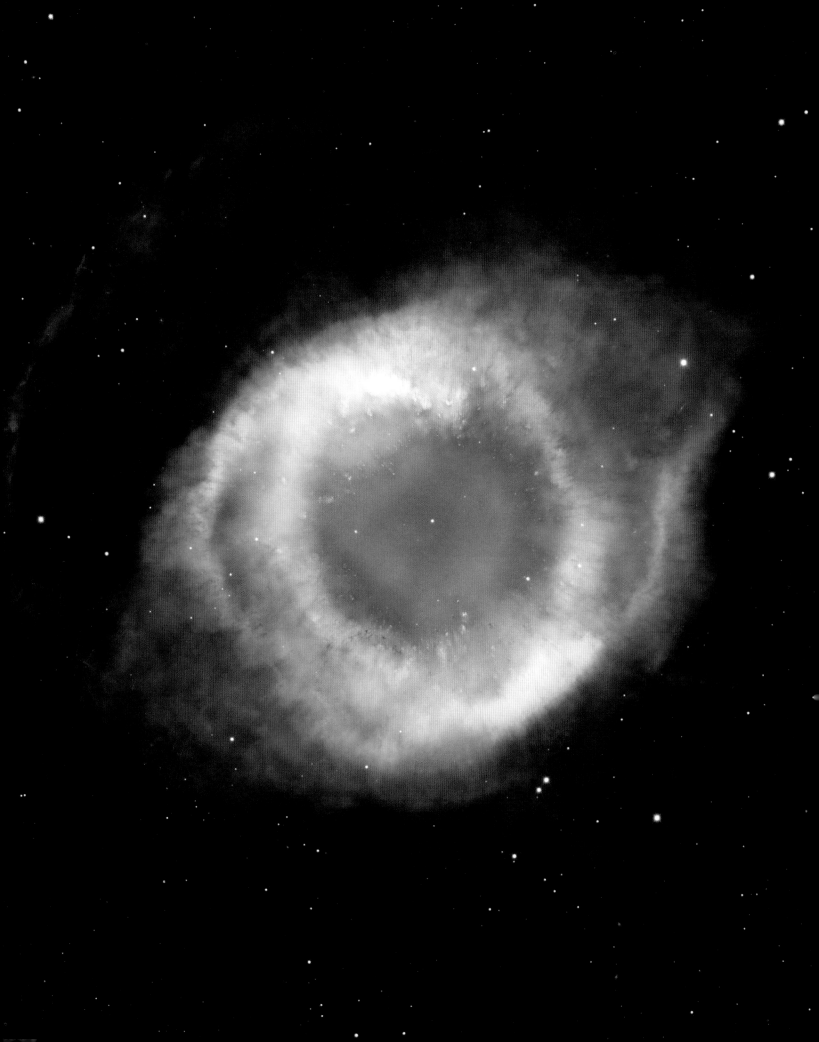

雄伟的猎户座

2004年10月

在夜空中最明亮和最著名的星云是猎户座大星云，也称作梅西叶42（M42）。猎户座大星云与我们只有1 300光年的距离，是离我们最近的大质量恒星形成区，因此，它也是被最深入研究的星云之一。距离我们相对较近这一特点，使它成为哈勃空间望远镜进行高分辨率成像和光谱观测的热门星云目标，这一历史可以追溯至1990年。

猎户座大星云是一个典型的恒星托儿所，这个巨大的气体和尘埃云的质量是我们太阳的数十万倍，成千上万颗新的恒星在这里诞生。中心的明亮区域是4颗温度最高、质量最大的新恒星的处所。我们将其称为"梯形"，因为它们看起来构成了一个梯形，这些炽热的年轻巨星（每颗质量为太阳的15~30倍，年龄大约30万年）正释放出大量的紫外线辐射，电离其周围环境，并通过"光蒸发"在星云中形成一个幽深湍流的孔洞，这个过程将气体和尘埃加速到非常高的速度，使它们能够克服星云的引力逃逸出来。通过这样的操作，梯形恒星实际上妨碍了它们附近数百颗较小恒星的形成。

在猎户座大星云中有一些甚至更年轻的恒星（也许年龄只有1万年），它们年轻到仍然还部分地镶嵌在它们从中形成的扁平并旋转的气体和尘埃盘里。这种原行星盘被认为代表了包括我们太阳系在内的典型的恒星系统的形成环境。

在拼图左上角的那块星云实际上是一个单独的"迷你"猎户座星云［梅西叶43（M43）］，正好被一颗巨大的类似梯形恒星的恒星从内部照亮。这个邻近星云的某些部分看起来也确实受到了梯形星团的影响，呈现出梯形恒星的高能量星风与星云气体和尘埃碰撞时形成的冲击波的锋面和纽结。

对猎户座大星云中的3 000多颗恒星的超高灵敏度的哈勃望远镜成像获得了一个意想不到的惊喜，发现了数百颗光线微弱的红色褐矮星（在拼图的下半部分可以看到很多）。褐矮星还不算真正的恒星，因为它们并没有达到核聚变而发光，而只是温暖的"超巨行星"，质量是木星的15~80倍。在某种意义上，它们可以被看作是不成功的恒星，但不管怎么说它们仍然是行星和恒星王国之间重要的过渡天体。

左图：哈勃望远镜拍摄的猎户座大星云的ACS拼图，位于北天球的猎户座，就在著名的猎人的腰带下面。这张全景拼图使用了520张单独的哈勃望远镜照片（在2004年1月至2005年10月使用5种不同颜色的滤光片拍摄）填充到地基望远镜对外围区域的大视场拼叠图像当中，覆盖了天空中与满月的张角大小相同的范围。

色彩斑斓的船底座星云

2007年4月

船底座星云是我们夜空中最大、最亮的星云之一，同时也是最不为人所知的星云之一，因为它位于遥远的南天球。船底座星云（又称为大星云或NGC 3372）在天空中的张角是满月的4倍，亮度是著名的猎户座大星云（参见第117页）的15倍。然而我们星球上的大多数人（其中90%生活在北半球）对这一令人赞叹不已的天文奇观完全没有概念，因为它位于南纬60度，很少（如果有的话）会升到大多数观测者所在地的地平线之上。

不管怎样，船底座星云是哈勃空间望远镜和其他天文台正着手研究的最引人瞩目并且距离我们最近（大约8 500光年远）的巨分子云实例之一。船底座星云展示了许多新恒星诞生和老恒星消亡的实例。这个星云的结构非常复杂，有以电离气体发出的光为主的明亮区域，以不透明的富碳尘埃云为主的黑暗区域，以及大量嵌入其中的处于不同演化阶段的恒星和恒星形成区。

例如，光度超强、超级巨大的海山二和它巨大的烟雾汹涌的双叶爆炸星云（参见第74页，巨星爆发），是加热和电离船底座星云气体和尘埃的一个主要来源。星云中还镶嵌着许多其他炙热的年轻恒星，其中有很多恒星处在至少8个已知的星团中，它们对周围环境有着巨大的影响（参见第89页，猛犸象星群：生命迅急，英年早逝）。

在船底座星云中的其他重要天体包括巨大的气体和尘埃"柱"，这些柱状物可能有几光年高，星云中有一些最年轻的新星安身其间；小的（但依然与太阳系大小相当）原行星盘由气体和尘埃构成，在那里新的恒星（也许还有行星）仍在形成众多的沃尔夫–拉叶星的途中，它们是已知宇宙中温度最高的恒星成员（温度为3万摄氏度至20万摄氏度），散发出强劲的星风，它们（短暂的）靠氢燃烧而存续的有生之年也濒临终点。最后，还有许多孤立的相对较小的暗星云，它们当中含有被称为"博克球状体"的高密度的尘埃和气体区域，这里看起来正在形成少量的双星或多星系统。

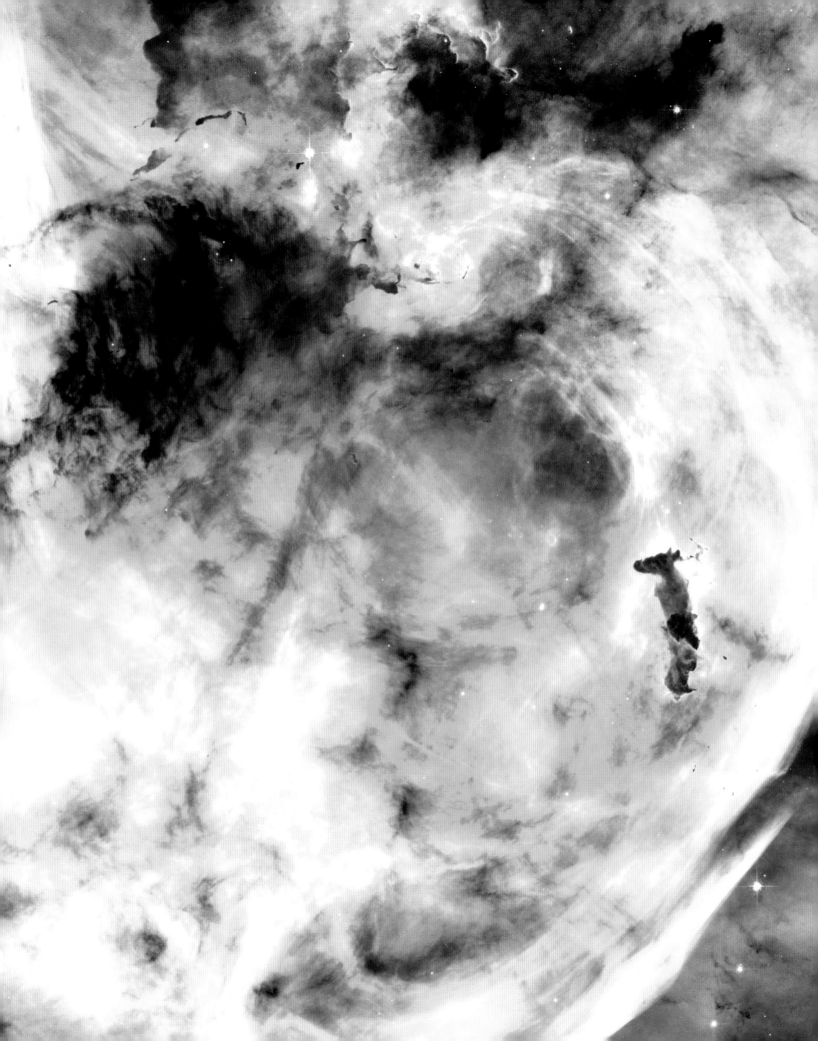

天体景观

2006年3月—2008年7月

　　使用哈勃空间望远镜的天文学家，以及与之互动的工程师和程序员都是摄影师。总的来说，他们都必须考虑如何让天文台里技术先进的相机（和其他仪器）瞄准并拍摄，如何适应光线和其他环境条件，如何取景或为其体现的含义提供相应的视觉语境。问题就变成了：当使用这样一个需要团队协作的高科技系统为宇宙拍照时，科学和艺术的交会点在哪里？

　　一个答案来自1998年发起的一个名为"哈勃望远镜遗产"的专门项目。哈勃望远镜遗产项目的目标是每月（从档案图片中）获得或创建一张以前从未公布的哈勃望远镜照片，展现通过历史上先进的望远镜之眼所看到的宇宙中一些在视觉上极其震撼的地方。位于巴尔的摩的空间望远镜科学研究所的科学家和工程师团队非常重视这样一个目标，即创造出既能触及科学又能从艺术视角呈现宇宙的照片。

2008年，哈勃望远镜遗产项目为庆祝其设立10周年，发布了一张壮丽的科学与艺术相逢的景观照拼图，拍摄的是南天球船底座的一个星云NGC 3324的一部分，靠近巨大的船底座星云（参见第118页，色彩斑斓的船底座星云）的一个区域。这一景观立即唤起了一种深邃的画面感，与传统风光摄影一样熟悉——阳光、蓝天、云彩、前景中的"山丘与山谷"，但同时又不太一样，因为这张图像中的视野极其辽阔（达到数光年高的特征），天体距我们无比遥远（约7 200光年之遥），同时拍到的景观是气体和灰尘，而不是泥土、植物和岩石。

　　就科学而言，像这样的地方非常有趣。这个区域里的星云气体和尘埃，正遭受来自正在黑暗的分子云的深处形成之中的几个高温的年轻恒星（不在这个图像的视场当中）的强烈紫外线辐射和星风的加热和电离，同时"从内部被照亮"。这些恒星正在"蒸发"星云气体，并在星云壁之中产生新的三维地貌——高耸的山丘、陡峭的山谷、幽深的洞穴。然而，这个图像中的场景无疑也同时具有艺术性和感召力，这与哈勃望远镜遗产项目的目标完全吻合。

下图：哈勃望远镜拍摄的一张NGC 3324星云的风景如画的合成图像，这个星云位于巨大的船底座分子云复合体当中。这张拼图由2006年3月拍摄的ACS照片和2008年7月拍摄的WFPC2照片合成，拍摄时使用了旨在探测硫（红色）、氢（绿色）和氧（蓝色）的滤光片。

牡蛎星云

2008年11月

一些行星状星云拥有复杂或怪异的形状，这或许是因为星风与星云气体和尘埃之间相当复杂的相互作用，或者是因为它们受到中心恒星的一个或多个伴星的引力和/或辐射能量的影响（参见第106页沙漏星云，第113页猫眼星云）。不过，在行星状星云NGC 1501（外号牡蛎星云）的一个奇特实例中，气体和尘埃的分布相对规则并且行为表现比较正常，真正显得复杂而怪异的反而是中心恒星。

其中的美丽在哈勃望远镜的照片中很容易被看出来，也被大型地基望远镜研究了几十年。牡蛎星云的中心恒星"珍珠"（正是因为它，才有了牡蛎星云这个别称），是一颗古老的红巨星遗留下来的高温发光残骸，当氢消耗殆尽时，这颗恒星就会把它的外部的大气层蜕掉。这颗恒星一定是缓慢而优雅地蜕掉了那些外层大气，因为最终形成的由膨胀气体和尘埃组成的几乎是卵形的三维团块，变成了一个简单的椭圆（像鸡蛋一样的）形状。

但是许多不同的结构——叶状、细丝状、结状和凹凸状结构——叠加在了这个简单的形状之上，几乎可以肯定是由于中心恒星产生的强烈星风造成的，因为中心恒星开始坍塌并最终走向它的宿命——白矮星。这种高能爆炸传播的速度比先前脱落的气体和尘埃要快，当它们发生碰撞时，会产生冲击波，致使气体和尘埃电离并发生膨胀，从而改变原先椭球形壳层的形状。通过与医学成像机器（如核磁共振成像仪器）中使用的断层摄影法（使用光波或声波来描绘内部结构）类似的原理，哈勃望远镜与其他地基成像及光谱数据的结合描绘出了星云结构的具体情况。

与大多数高温行星状星云的残余恒星不同，牡蛎星云的中心恒星是一颗变星，在数分钟到数小时之内不规则地由亮变暗。造成这些不规则脉动的原因尚不清楚，我们也不知道这种变星与其他更常见的、和行星状星云没有关联的变星之间存在什么关系。尽管还没有一个确切的解释，但牡蛎星云复杂的多叶结构与中心区域不规则的心脏搏动有点关系，这一点很容易推断出来。要揭开牡蛎星云及其"珍珠"的神秘面纱，未来有必要对它们进行更详细的研究。

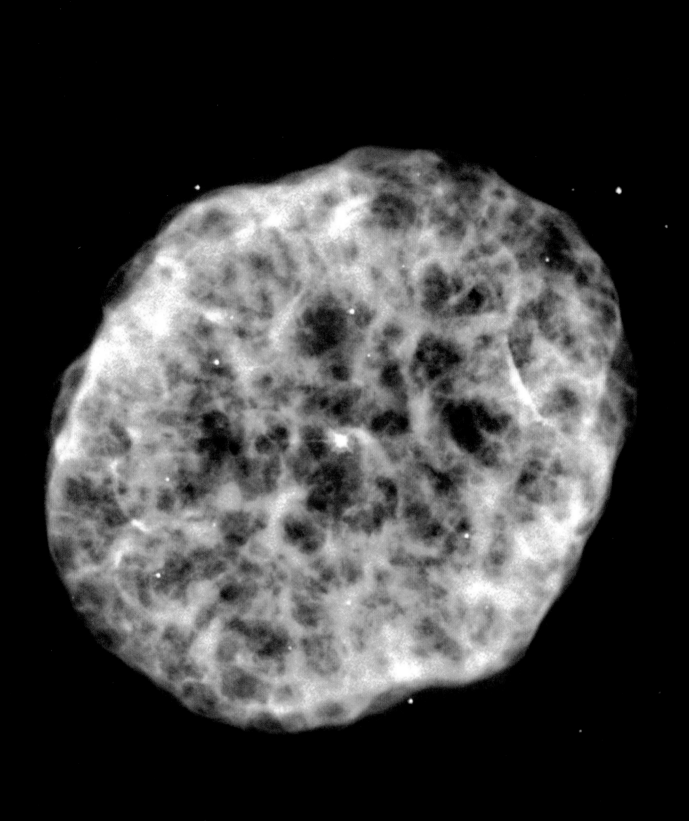

蝴蝶效应

2009年7月

　　并不是所有的行星状星云都会呈现出当初使这类天体得名的典型的圆形或球形。有些天体，比如NGC 6302，更有名的称呼是蝴蝶星云，看起来明显不是圆形的，尽管是非常对称的。

　　蝴蝶星云距离我们约3 400光年，与天蝎座一颗濒临死亡的恒星相关。虽然相对较近，它本身并不算大（跨度约为满月张角大小的10％），因此它突出了高分辨率观测在哈勃空间望远镜研究其结构和历史详情中的重要性。事实上，在2009年5月完成最后一次航天飞机维修任务后，蝴蝶星云是哈勃望远镜使用新的WFC3和COS仪器拍摄到的第一批天体中的一个（参见第35页，最后一次调试）。在测试望远镜的最新相机和光谱仪时，它既是一个在照片上看起来美丽的天体，也是一个在科学上引人瞩目的目标。

　　蝴蝶星云的"翅膀"是一对2光年宽的高速（超过96.5万千米/时）、高温（约2万摄氏度）气体叶瓣，是银河系里温度最高的恒星之一在垂死挣扎时喷射出来的。当喷流离开围绕着中心恒星赤道面的较厚的尘埃和气体层时，它们膨胀成一个沙漏形状。尽管这颗中心恒星的能量输出极其强大（表面温度约为22万摄氏度），但它通常都隐藏在星云中心黑暗和致密得像面包圈一样的尘埃和气体环后面，不得而见。哈勃望远镜使用了更加灵敏的WFC3仪器进行观测，最终直接探测到了蝴蝶星云的中心恒星。

　　这颗形成了并且仍在继续改变着蝴蝶星云的恒星最开始可能只是一颗质量约为太阳5倍的"正常"恒星。当氢开始耗尽时，它应该会膨胀成一颗直径约为太阳1 000倍的红巨星（如果这颗恒星在我们的太阳系的话，它的直径会延伸到土星的轨道那里），膨胀过程会将恒星大气层以低速抛向附近的太空。后来，随着这颗恒星的不断收缩和升温，更加强烈的星风从中穿过，并电离了早期脱落的物质，形成了在哈勃望远镜的照片中表现得淋漓尽致的湍流结、利刃和直壁。

左图：哈勃望远镜于2009年7月27日拍摄的蝴蝶星云的WFC3假彩色合成图，为了突出星云中存在的氧、氦、氢、氮和硫，使用了从紫外到可见光波长的滤光片组合。

螺旋形雕塑

2012年7月

银河系中的大多数恒星都是双星(或多星)系统的一部分, 同一系统中的许多恒星在质量上彼此都存在很大差异。恒星的演化路径和最终命运与它的质量休戚相关, 导致了它们有趣而不同的生命旅程。例如, 当双星系统中一颗质量更大的恒星接近其氢燃烧阶段的末期时, 它也将经历同类恒星都会经历的临终体验, 但这些体验的物理表现会受到其较低质量的伴星的极大影响。

这个猜想也许能解释螺旋状的行星状星云NGC 5189奇怪的物理外观。在它内部, 由气体和尘埃组成的彩色云团正被一颗极端高温的中心白矮星电离。之前从恒星的红巨星阶段抛出的气体和尘埃产生了形成行星状星云的原材料。但是这个星云不像其他许多星云那样是圆形或球形的[参见第114页, 螺状星云(又称"上帝之眼")], 甚至也不是对称的双叶星云(参见第127页, 蝴蝶效应)。

相反, 围绕NGC 5189中心恒星的行星状星云由两个复杂的嵌套结构组成, 它们之间相互倾斜, 并朝着不同方向延展远离中心恒星。这两个三维结构融合到天空的二维平面上, 就产生了一个缠绕着整个结构的S形螺旋的幻象。使它更加美丽和复杂的是, 一条明亮的带有呈放射状远离中心恒星方向的细丝和"彗状"结的金色电离气体绸带蜿蜒曲折地贯穿整个结构。这些电离气体以及细丝和"彗状"结, 正是来自中心恒星的强烈星风对星云气体和尘埃的高能侵蚀和雕琢的一种体现。

NGC 5189的对折结构表明来自中心的两个独立的双极流的存在, 暗示着形成星云的可能不是一颗恒星, 而是两颗。虽然第二颗中心恒星还没有被哈勃望远镜或其他望远镜确认, 但它的引力影响和它自身可能的抛出物(假设它的年龄与伴星相当)可能会解开这个星云独特的螺旋结构的谜团。

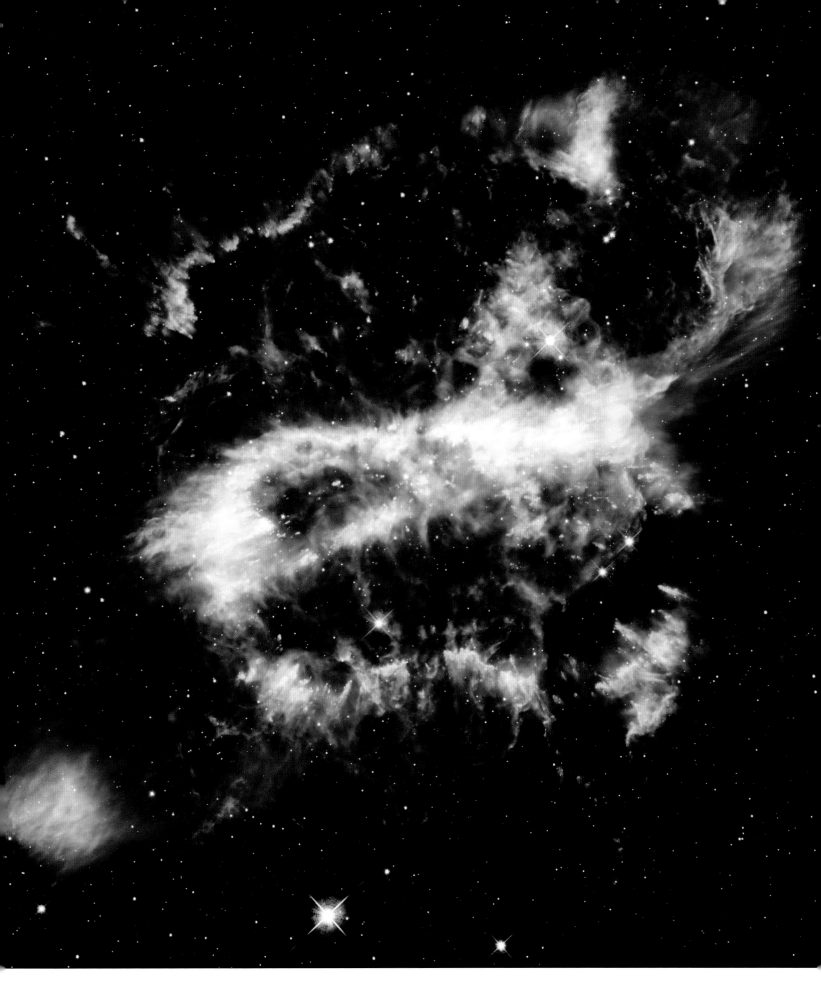

上图：哈勃望远镜WFC3给著名的马头星云的"头部"拍摄的假彩色照片。马头星云是一个由气体和尘埃组成的汹涌湍流的云团，镶嵌在猎户座大星云深处，距离地球约1 500光年。合成这张照片使用了对电离星云辐射的红外（热）能量十分敏感的滤光片。

不同颜色的马头星云

2012年11月

人类的视力依赖于我们所说的"可见光"。我们的眼睛及地球上大多数其他生物的眼睛进化后所看到的颜色，（毫不奇怪地）接近于我们所在的恒星——太阳的主要输出色：从红色到紫色，即彩虹的颜色。但是彩虹有很多颜色比蓝色更蓝，比红色更红。

哈勃望远镜被特别调成可探测比蓝色更蓝的颜色，即"紫外"，因为它们被地球大气层所吸收，所以无法被地基望远镜探测到。一些被称为"红外"的比红色更红的颜色，很难或不可能从地基望远镜中探测到，这就是哈勃望远镜的第三代宽视场相机被设计成也能够使用红外滤光片拍摄照片的原因。

红外波段能够与可见光和紫外波段互相补充，共同揭示天体内部的特征和演变过程，这就是为什么许多望远镜，比如未来的詹姆斯·韦布空间望远镜（参见第190页），经过优化后在红外波段观测。许多常见的著名天体在红外波段看起来与在可见光波段有很大的不同，一个典型的例子就是著名的马头星云。马头星云是在更大的猎户座大星云中的一小块由湍急的电离尘埃和气体组成的区域（参见第117页，雄伟的猎户座），因为它在猎户座被电离的气体和尘埃的明亮色彩之上的那个标志性的黑色剪影的马头轮廓而在天文学入门的教科书中闻名退迩。

然而，马头星云在红外波段呈现出一种全新的色彩，在似乎是从星际大海上泡沫般的白色浪端浮现出来的背景恒星的映衬下，以缥缈透明的色调发出光亮。当然，这个充满诗意的描述掩盖了事情的科学真相：马头星云是一个巨大的氢气柱，夹杂着看起来不透明的灰尘和有机分子。新的恒星和行星系统正在一个巨大的分子云中诞生（并缓慢地侵蚀/消散它），红外波段可以透过它的部分尘埃外衣，让我们能够更加仔细地观察当中的奇观。

插图：这张地基望远镜拍摄的马头星云的可见光照片展示了这个星云更具标志性的形状，是在电离气体和尘埃发出的明亮光线背景下的一个幽暗剪影。

猴头星云

2014年2月

　　有一种常见的幻觉形式被称为"幻想性视错觉"，即倾向于在没有生命的物体或抽象的图案中看到观察者已知或熟悉的事物。一些著名的例子包括，月球上的人、云中的动物和火星上的人脸。人类眼睛和大脑的组合似乎就是为了便于从复杂多彩的抽象形式中识别出熟悉的模式。

　　来自深空的一个典型的例子是猎户座中距离我们6 500光年的一个星云，这个星云的正式名称是NGC 2174，但更为人所知的名字是猴头星云，因为这正是人们在这个气体和尘埃云中第一眼看到的东西。当然这只是一个比喻。猴头星云是一个巨大的星际分子云，正在被从它的原材料中产生的炽热的新的恒星同时电离和蒸发。在左边的照片中能够看到，星云右侧的尖峰特征正在遭受嵌在星云左边部分里的新生恒星产生的高能星风的连续重击。

　　由这个分子云形成的那些年轻的高温大质量恒星（质量高达太阳的30倍，温度高达太阳的5倍以上），向它们周围的空间散发出极大量的高能紫外线辐射。这种能量电离了附近的气体和尘埃，并令其发光，同时，来自这些恒星的强烈星风塑造并侵蚀星云。在有些地方，比如沿着猴头星云轮廓右侧的暗黑星云物质的结块状"球状体"里面，来自强烈星风正前方的压力和冲击波可能正导致星云气体轰然崩塌，同时引发新的恒星形成。

　　这些深嵌在星云托儿所中的新恒星在可见光波段是看不到的，但在红外波段可以从散发出的热能中探测到它们的存在。随着时间的推移，这些恒星会蒸发它们的尘埃防护层并/或将它们吹走，并在可见光波段中显露出来。

左图：哈勃望远镜WFC3拍摄的猴头星云（又名NGC 2174）的假彩色合成照片，拍摄中使用了红外滤光片来收集星云气体中不同的电离化学元素各自对应的光线，此处拍摄的这个星云部分的范围大约有5光年宽。

星 系

一个巨大的黑洞回以凝视

1998年12月

哈勃空间望远镜前所未有的分辨率和其他功能不仅彻底改变了我们对银河系天体的认识，也改变了我们对银河系以外上千亿个星系中某些星系的认识。一个典型的重要实例就是哈勃望远镜对被称为梅西叶87（M87）的巨椭圆星系的成像和光谱观测，这是一个在约5 000万光年之外的由数千亿（可能多达数万亿）颗恒星组成的巨无霸集群。

M87，也被称为NGC 4486，位于室女座星系团中心区域附近，这个星系团由因相互间的引力作用而松散地结合在一起的大约2 000个星系组成。这个星系团是由大约100个这样的星系团组成的被称为室女座超星系团（我们的银河系是其中一个成员）的更大集群的一部分。地基天文学家从20世纪初就开始研究M87，注意到从星系中心伸出的一个模糊的线性特征。他们同时还注意到，M87及其模糊的线性特征是整个天空最明亮的射电辐射源之一，所以M87上正在发生奇怪且重要的大事。

哈勃望远镜的卓越图像显示，线性特征其实是以接近光速的速度从M87中心区域流出的一股强大的电子和其他亚原子粒子的喷流。尽管组成M87的数量庞大的恒星和球状星团，在哈勃空间望远镜看来只是一些无法分辨的淡黄色模糊区域，不过喷流本身揭示出有助于澄清它的起源的结构和细节。占主导地位的一个猜想是，喷流是一种由M87中心的一个质量是我们太阳20多亿倍的超大质量黑洞周围的强磁场驱动的高能外流。当气体和尘埃旋转进入那个大旋涡时，它们遭到黑洞强大磁场的电离和浓缩。这些紧紧扭曲在一起的磁力线沿着中心天体的极轴方向发射出等离子体，类似于来自某些行星状星云中心恒星的双极喷流（参见第127页，蝴蝶效应）。

哲学家弗里德里希·尼采曾经写道："……如果你凝视深渊过久，深渊将会回你以凝视。" 果不其然，2019年，一个天文学家团队在经年累月的凝视和大量数字运算后宣布，他们利用全球射电望远镜网络对M87中心的黑洞直接进行了成像。因此，从某种意义上说，M87中心的巨大黑洞也回我们以凝视。

当星系发生碰撞

2002年4月

当行星、小行星或彗星相撞时，结果可能十分壮观。同理，当恒星合并或碰撞在一起时，随之而来的能量释放是相当震撼人心的。但当整个星系间发生碰撞时，从天文学角度来看，其结果真的令人难以置信。哈勃望远镜拍摄的一个名为UGC 10214的星系的照片就是一个美丽的佐证，这是一个位于天龙座的距离大约4.2亿光年的旋涡星系，有一条长长的、奇怪的尾巴，这使它赢得了蝌蚪的绰号。

蝌蚪星系是一个体形扭曲的旋涡星系，一个28万光年长的蓝色恒星带尾随其后，这些蓝色恒星太遥远了，即使凭借哈勃望远镜惊人的视力也难以解析出来。那条恒星尾迹似乎是一个"撞了就跑"的肇事星系留下的残骸——一个更小、更蓝、更趋于于椭圆的星系穿过蝌蚪星系的左上角正在企图逃逸。现在还不清楚它是否跑得了，蝌蚪星系强大的引力已经将那个小星系的大部分都撕开了。小星系的最终命运有可能是完全解体，因为它的那些恒星或者要被蝌蚪星系的引力所捕获，或者要散落到星系际空间里。

尽管很容易把这样的碰撞想象成一个灾难性事件，实际上直接灭门绝户的可能性是最小的——在碰撞星系内部，单个恒星之间的空间是巨大的。相反，扯乱了星系原有的精美结构的引力才是对系统造成巨大破坏的原因所在。但另一方面，引力在这类碰撞中也起到了一个造物代理的作用，因为它迫使恒星际的气体和尘埃云聚集、合并和混合在一起，随后坍塌并形成新的恒星。这些新形成的大质量恒星，温度是我们太阳的10倍之高，亮度则是100万倍之高，是使碰撞残骸的尾迹（就像蝌蚪星系的尾巴）在当前的色彩合成图像中发出蓝色光芒的一部分原因。

数百万年后，蝌蚪星系尾巴上的恒星，以及小碰撞星系彻底穿过后留下的任何残骸中的恒星，都可能在引力束缚下组成星团或巨型星团（尾巴上已有成群恒星组成的团块）。它们最终可能会成为球状星团或小型的"卫星"星系，在主蝌蚪星系周围一个弥漫的"晕"里面的轨道上运行，类似于环绕银河系运行的大批球状星团和卫星星系。事实上，我们银河系周围这些卫星星系的存在，意味着银河系可能也是过去这种肇事逃逸式撞击的受害者。

射电星系

2003年3月

    天文学家认为，在早期宇宙（可能是100亿～120亿年前）中形成的第一类星系是椭圆星系——由大爆炸中形成的恒星际氢和氦的巨大团块坍塌后形成的大规模的恒星集团。这些古老的椭圆星系中有许多都发出大量的射电波段的能量，这表明在它们的核心区域深处藏有超大质量黑洞。

    被称为NGC 1316的巨椭圆星系就是这种明亮"射电星系"的一个例证，它是天空中第四亮的射电发射源，也被称作天炉座A，因为它位于南天球的天炉座。哈勃空间望远镜于2003年以高空间分辨率拍摄了天炉座A，为揭示神秘的暗尘埃带和恒星形成的明亮区域的起源提供了与这个星系独特而不寻常的历史相一致的证据。具体而言，天文学家们相信天炉座A的与众不同的特征与它来自数十亿年前发生碰撞的两个或多个独立的富含气体的星系的合并相一致。

    作为在一个由类似天体组成的被称为天炉座星系团的集团中最明亮的椭圆星系之一，天炉座A距离我们约7 500万光年。天炉座A对哈勃望远镜可见的部分跨度约为满月的1/3，而该星系的射电"波瓣"则延伸得要远得多。通过对天炉座A延伸出来的这部分区域的地基成像，人们发现那里有各种各样的涟漪环，以及羽毛状的气体和尘埃，暗示以前这里极为动荡。事实上，在哈勃望远镜所拍摄的天炉座A图像中看到的黑色尘埃斑块，已经被认为是与可能被天炉座A吞噬的前身星系有关的巨大分子云的残骸。

    哈勃望远镜极为卓越的分辨率，使天文学家能够研究聚集在像天炉座A这样的椭圆星系周围的暗弱的由数以百万计在引力作用下相互束缚的恒星组成的球状星团的光晕。其中一些星团的质量相当巨大，而另一些则相对较小。位于天炉座A靠中心区域的星团通常会向大质量一侧倾斜，这表明在推测中的早期星系碰撞中，质量较低的星团更容易从星系中分散出去。虽然很难确切地知道到底发生了什么，但天炉座A与典型的巨椭圆星系有很大不同，许多天文学家正试图解开这一谜团。

右图：哈勃望远镜的ACS宽视场相机拍摄的巨椭圆星系NGC 1316的合成图像，它也被称为天炉座A，因为它是南天星座天炉座中一个明亮的射电源。这张假彩色合成图像由通过蓝色、绿色和红外滤光片拍摄的照片组合而成。

草帽星系

2003年6月

在哈勃空间望远镜拍摄到的最具视觉震撼力和完美对称的星系中，有一个叫作梅西叶104（M104）或NGC 4594的天体。这个天体俗称草帽星系，这个由数千亿颗未被解析的恒星组成的很上镜的集群远在2 800万光年之外，位于室女座。

草帽星系最显著的特征是这顶墨西哥草帽的帽檐，这条5万光年宽的尘埃通道环绕星系一周，围着一条更加弥散的绕着明亮的白色星系中心运行的椭圆星晕。在可见光下，就像这张哈勃望远镜照片中的一样，暗带是不透明的，阻碍了在草帽星系的赤道面内探查更多详情。然而，在斯皮策空间望远镜的红外观测中，草帽星系的环带被显露成为围绕在恒星晕周围的一个质量要大得多的尘埃环。

草帽星系是一个巨椭圆星系，估计它的质量相当于8 000亿个我们的太阳。哈勃望远镜可以辨识出围绕草帽星系运行的大约2 000个古老的（100亿～130亿年前的）球状星团，这几乎是环绕我们银河系运行的这种球状星团数量的10倍。草帽星系明亮的白色核心是一个巨大的X射线发射源，天文学家据此推测，有一个在邻近星系组成的室女座星系团里最顶级的质量为太阳10亿倍的黑洞潜伏在草帽星系的心脏区域。

我们在天空中看到的草帽星系几乎是侧面朝着我们的，一些早期的天文学家认为这个天体可能是一个行星状星云，带着一个环绕在一颗年轻恒星周围的尘埃盘。但在20世纪初，人们发现，与许多其他"星云状"天体一样，草帽星系正以极高的速度远离我们。这提供了一个重要线索，即草帽星系自身实际上就是一个遥远的星系，由于宇宙的不断膨胀，显得离我们越来越远。

光谱观测显示，包围草帽星系核球的接近侧向的对称环主要由冷原子氢、其他冷分子气体和尘埃组成。哈勃望远镜超凡的分辨率在这个黑暗的尘埃环中解析出节结和团块，红外数据表明，尽管这个星系已经极其年老，但在这些节结和团块中仍有大规模的新的恒星正在形成。

右图：哈勃望远镜的ACS高分辨率相机以自然色（通过红色、绿色和蓝色滤光片）合成的室女座中的草帽星系的拼图。虽然草帽星系距离地球2 800万光年，但它还是在天空中横跨了满月的约20%大小的张角。

小麦哲伦云

2004年7月

和许多其他星系一样，银河系与许多较小的伴星系或卫星星系一起在太空中穿行，其中有两个在南天又大又亮，明亮得足以用肉眼直接看到。事实上，这两个卫星星系被称为大麦哲伦云和小麦哲伦云，以第一个注意到它们的欧洲探险家斐迪南·麦哲伦的名字命名。大麦哲伦云在天空中覆盖的角度大于10度，是满月大小的20多倍，小麦哲伦云在天空中的张角大约是大麦哲伦云的一半。

麦哲伦云是矮小的不规则星系，这种不规则形状很可能是由与它们的大邻居——银河系之间的引力相互作用瓦解而成的。因为它们离我们相对较近（不到20万光年远），比起那些离我们更加遥远的星系，利用哈勃望远镜卓越的空间分辨率及其他功能更详细地研究它们内部的演化过程是可能的。一个生动的在科学上令人信服的实例来自哈勃空间望远镜对小麦哲伦云中一个被称为"翅膀"（因为它的形状）的恒星形成区的成像。

与银河系相比，小麦哲伦云这片区域的尘埃和气体含量通常要少，单位体积内的恒星也较少，这是不规则矮星系的典型特征。与典型的旋涡星系恒星相比，"翅膀"上的恒星也拥有相对于较重的元素的更高的氢氦比。天文学家将这类恒星标识为拥有"低金属丰度"，因为他们许多人把比氢和氦更重的元素都叫"金属"。

哈勃望远镜的空间望远镜表兄——钱德拉X射线天文台有一个惊人的发现：这些年轻的恒星中，有一些恒星，甚至包括与我们太阳的质量相当的恒星，正在向太空发射强烈的X射线辐射。这是第一次在银河系外探测到年轻恒星发出的X射线。

哈勃望远镜对这些恒星的紫外和可见光研究，结合钱德拉X射线的数据和斯皮策空间望远镜的红外数据，描绘出一个图景，一些发射X射线的恒星有的非常年轻，可能年龄只有几百万年或更加年轻，它们磁场的活跃程度可能与它们的低金属含量有一定关系。这类恒星不仅在像麦哲伦云这样的矮星系中看起来很常见，而且在早期宇宙的第一代恒星中，可能到处都能见到这种典型的年轻恒星。

左图：这张小麦哲伦云"翅膀"区域的假彩色照片，是由哈勃望远镜ACS宽视场相机图像中的绿色和蓝色、钱德拉X射线天文台X射线数据中的紫色和斯皮策空间望远镜红外数据中的红色组合而成的。

棒旋星系

2004年9月

　　哈勃空间望远镜之所以以20世纪早期天文学家哈勃的名字命名，原因之一就是表彰他在星系分类方面的开创性工作。哈勃将星系分为4个主要类型：椭圆星系、旋涡星系、棒旋星系和不规则星系。而且，除了不规则星系，其他3种星系类型中都有连续的子类型的交集。

　　在哈勃的分类系统中，一个典型的棒旋星系范例是NGC 1300，它距离我们约6 100万光年，位于南天球的波江座。NGC 1300有一条相当笔直的中心星棒穿过星系亮白色的中央核心区域。通常认为，我们银河系的中心附近也有一条这样的棒。NGC 1300的一个特别上镜的原因是它的旋臂从中心棒向外平缓地、对称地卷曲，这个场景不仅能令人感受到引力定律的优雅从容，同时又不失其基本物理特性。

　　虽然NGC 1300的棒状和中心区域主要由从黄色到红色的中老年恒星组成，但星系的外侧旋臂里却包含了大量更年轻的偏蓝色恒星组成的星团，以及当中正在形成更加年轻恒星的星云状的团块和节结。

　　哈勃望远镜拍摄的NGC 1300的照片，前所未有地向人们提供了这个经典星系类型的中心棒和外部旋臂结构中的详细情况，包括在旋臂较外侧区域中的团块尘埃通道和基本上由年老的橙红色恒星构成的中心棒的细节末梢。这些尘埃通道演变成一个靠近星系明亮中心核球的由恒星组成的紧致的中心旋涡结构，这是一个旋涡中的旋涡。对这类星系的一些演变模型表明，这些中心旋涡可能有助于为位于其中心的超大质量黑洞提供原料（尽管NGC 1300中心存在这样一个黑洞的证据还有待进一步发现）。

　　与形成于100亿～120亿年前的第一批星系相比，棒旋星系在今天的宇宙中似乎更为常见，说明棒状结构的出现可能是一些星系在迈向成熟过程中的一种演化特征。

右图：哈勃望远镜的ACS宽视场相机拍摄到的范例棒旋星系NGC 1300，距离我们约6 100万光年，位于波江座。星系的直径约为11万光年。这张照片是由通过使用红色、绿色和蓝色滤光片拍摄的ACS图像合成的自然色图片。

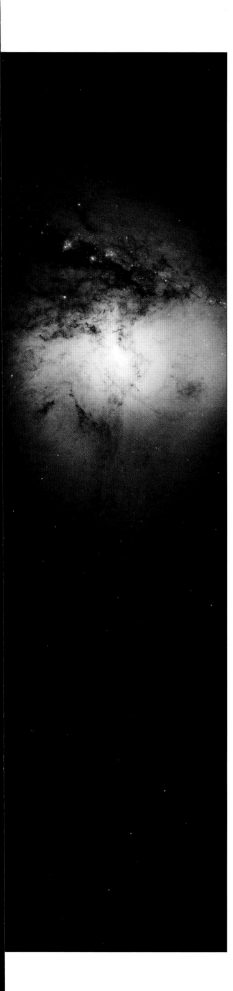

漩涡星系

2005年1月

　　旋涡形是自然界纯粹、常见的一种形式。从蜗牛壳的生长到飓风中的云带，再到大质量星系中缠绕卷曲的恒星通道，旋涡形似乎无处不在。而在旋涡状星系中，很少有星系能与漩涡星系的美丽和典雅相提并论，它也正因其典雅的旋涡构造而得名。

　　漩涡星系是著名天文学家查尔斯·梅西叶于1773年发现的，当时他正在天空中寻找非恒星天体。他在著名的天体列表（参见第85页）中将这个"星云"指定为梅西叶51（M51）。到了19世纪中期，更大的望远镜使天文学家们得以发现，这个天体拥有第一个在星云中观测到的旋涡构造。一直到20世纪20年代，哈勃和其他人开始对一些螺旋星云中的造父变星（见第95页）进行编目，天文学家才最终意识到，像M51这样的天体其实它们自己就是星系，是漫游在广袤和不断扩展的宇宙海洋中的"宇宙岛"。

　　哈勃空间望远镜经常观测漩涡星系，部分理由是它是距离我们相对较近的星系，只有约3 100万光年远，位于猎犬座，因此哈勃望远镜凭借卓越的分辨率可以前所未有地观测到旋臂和星系结构中其他部分的详细情况。

　　例如，形成年轻恒星的高温区域（在这张哈勃望远镜ACS合成照片中呈现为亮粉色）集中在星系的旋臂内。这些旋臂中的气体和许多可见的尘埃团块和尘埃带围绕星系中心的运动会产生应力，触发氢气体的引力坍缩，从而形成新恒星构成的星团，它们在这张图片中呈现为亮蓝色。相比之下，漩涡星系的中心区域则闪耀着年老恒星的淡黄色光芒。

　　在过去的数亿年中，漩涡星系有一个伴星系，它是一个更小的、有更多尘埃的、也更趋于椭圆的星系，称为NGC 5195，它一直从漩涡星系的后面（从我们的角度来看）靠近，也许在巨型星系壮观的旋臂的伸展和塑形中起到一个引力作用。这个矮星系正远离漩涡星系，但看起来还会对这个较大星系的最长旋臂进行最后一次拖拽。

左图：这是一张哈勃望远镜的ACS假彩色照片，拍摄的是被称为漩涡星系的几乎面向我们的壮观的旋涡星系（中心偏左），以及较小的伴星系NGC 5195（右侧偏上）。这种色彩组合是由使用近红外、绿色和蓝色滤光片拍摄的图像创建而来的。

星暴星系

2005年5月

有些星系为年老的、高度演化的恒星所主宰，但在另一些星系中却仍有数量惊人的新恒星在诞生。在这些达到星系规模的恒星托儿所中最为奇特的被称为星暴星系，其中几乎持续不断地有新的恒星突然降生。哈勃望远镜加以详细研究的一个典型例子是，被称为梅西叶94（M94）的美丽的"面向"星暴星系，位于北天球的小星座——猎犬座，距离地球约1 600万光年。

在M94中，新的恒星正以疯狂的速度不断形成，比其他绝大多数已知的旋涡星系中的情况都要快。其中许多恒星是在围绕着星系巨大旋臂外围的一个亮蓝色的"星暴环"内形成的，但在星系核心深处有第二个略小一些的、正在剧烈形成恒星的环状区域。在这张摄人心魄的照片中，每一个明亮的蓝点都代表着大量的高温年轻恒星，它们发射出极大量的紫外线辐射，电离或完全蒸发掉周围残余的曾经孕育出它们的气体和尘埃。

我们尚不清楚，为什么在这个星系的内环和外环区域会形成这么多的新恒星，而在核心外的中心部分却很少有新恒星诞生（该区域主要由更年老的淡黄色恒星和比较昏暗的尘埃及气体带组成）。一种猜想是，M94的内侧星暴环某种程度上被星系的中心星棒所驱动。紧致的螺旋桨形星团的旋转可能会产生压缩波，致使星系中心附近的气体和尘埃更容易坍缩形成新的恒星。

呈明亮蓝色的外侧星暴环的起源也是备受关注的话题。一些天文学家认为，与另一个星系的近距离引力作用，甚至可能是与一个较小的卫星星系的合并，提供了新恒星短时间突然大量诞生所需的能量和物质。另一些天文学家则认为，来自星系中心棒的压力波可能像池塘中的波纹一样向外传播，触发了压力波"中断"处的外侧旋臂中气体和尘埃云的坍塌。

虽然导致M94壮观的星暴行为的详细原因尚未找到，但有一点是肯定的：哈勃望远镜的照片不仅揭示了它的美丽，同时还揭示了这一壮丽造星旋涡的内部运作机制。

雪茄星系

2006年3月

　　星暴星系是恒星、气体和尘埃的巨大集群，它们中新恒星的形成速度远远高于普通星系（见第150页，星暴星系）。星暴星系通常可以通过在旋臂和/或核心中诞生的呈亮蓝色的年轻恒星群来加以识别，如果星系离地球很近或者面向我们，那就最容易看到这一点了，它们的详细构造也更容易辨识。

　　然而，其他朝向的星系或那些另外具有非同寻常特征或令人迷惑不解特征的星系，则很难被看作是星暴区域。一个典型的例子就是，哈勃望远镜加以详细研究的被称为梅西叶82（M82）的星系，因其长长的椭圆形状又被称为"雪茄星系"，距离地球大约1 200万光年，位于大熊座。虽然M82最初被认为是一个椭圆星系或不规则星系，但最近的红外观测表明，它是一个几乎"面向"的旋涡形星暴星系。从其中央核心区域爆腾出来的尘埃通道和延展的氢的块状暗纹，令一部分亮蓝色的星系盘区域有些模糊，阻挠了先前想确定其真实结构的尝试。

　　M82也很大，在空中的跨度几乎是满月直径的1/3。它本身也十分明亮，是银河系总光度的5倍以上，其中心核区的能量十分惊人，大多星暴活动均由此而来。来自这些年轻恒星的强烈星风和磁场，使周围的气体和尘埃被电离和压缩，进而有助于形成更多的新恒星。M82中心的恒星形成速度是我们银河系中心的10倍。不过，M82的恒星形成速度终究是不可持续的，这些"原材料"最终会被耗尽。只有在这些新恒星大量地死亡并将它们的残留物撒回太空之后，才能再次获得生成更多新恒星的原材料。

　　M82是位于大熊座的梅西叶81（M81）星系团的一部分，该星系团以其最大的成员星系命名。事实上，巨型旋涡星系M81是M82的近邻，看起来在亿万年前曾与M82发生了引力相互作用，使M81的盘发生翘曲，并发出穿过其结构的压缩波。这些压缩波可能在M82内部引发过一个短暂而极端的恒星形成时期。

右图：哈勃望远镜的ACS假彩色照片，拍摄的是梅西叶82星暴星系，也被称为雪茄星系。星暴星系经历了异乎寻常高的新恒星形成速率，M82也不例外，那里新恒星的形成速率是我们银河系的10倍以上。这张彩色图像由使用近红外、绿色和蓝色滤光片拍摄的照片组合生成。

絮状旋涡星系

2010年1月

　　旋涡星系有几个明显的特征，其中就包括由组成了多重旋臂的年轻和年老恒星、恒星际气体和尘埃构成的相对比较厚的盘，以及一个中心明亮的核球。它们的特征也许还包括一条主要由年老恒星构成的棒，中心的一个超大质量黑洞，以及一个接近球形的包括了中心核球和旋臂附近的多个球状星团的星晕。旋涡星系彼此的区别之处在于它们相对的大小和质量，以及不同部分的亮度。

　　令天文学家感兴趣的一类特殊旋涡星系是絮状（或称为"蓬松"）旋涡星系，因为它们呈现出零散而不连续的旋臂。人们认为这类旋涡状结构中的恒星形成是这样的，它是由一个一个的超新星爆炸和高强度的星风爆发造成的冲击波和星际气体压缩的本质上随机的性质触发的。这些事件致使星际气体和尘埃局部压缩和崩塌，从而导致絮状星系旋臂凹凸不平的特性。

　　絮状星系的一个范例是NGC 2841，它距离我们大约4 600万光年，位于大熊座。哈勃望远镜的高分辨率WFC3图像显示出与主要由较老恒星发出的黄白色微光混合在一起的、从星系明亮的中央核心向外盘旋的不透明的尘埃带。

　　在距离核心区域更远的地方，较亮的年轻星团发出的蓝色微光从星系旋臂向外延伸。看上去这些炽热的年轻恒星（通过强烈的紫外线辐射和星风）清除了旋涡星系旋臂中新的恒星形成区里大部分通常会有的气体和尘埃，这也解释了为什么NGC 2841目前的新恒星形成的速率很低，没有像其他旋涡星系，比如漩涡星系（见第149页）那样呈现为发出粉红色微光的星云。

　　斯皮策空间望远镜对NGC 2841的红外成像技术，能够穿透阻挡了哈勃望远镜对这个星系核心的内侧区域进行观察的大部分黑暗尘埃，从而发现它最里面的旋臂实际上在星系核周围形成了一个完整的环。

左图：哈勃望远镜为旋涡星系NGC 2841拍摄的WFC3照片，这是一个典型的絮状旋涡星系，与其他类型的旋涡星系相比，它有着散落不均的尘埃旋臂和相对较低的新恒星形成速率。NGC 2841距离我们大约4 600万光年，位于大熊座。

活动星系核

2010年7月

　　虽然所有星系的恒星密集的高密度核心都是活跃的地方，但一个星系的中央核心需要极其活跃才可以被称为活动星系核，简称AGN。具体地说，活动星系核是一个能量和光度都非常高的地方，单靠那些恒星不可能达到观测到的活动水平。更确切地说，天文学家认为在"活动星系核"这个地方，大量的气体和尘埃，甚至可能是整颗恒星，正落入超大质量黑洞，这个庞然大物的质量是我们太阳的100万到100亿倍。

　　距离银河系最近的活动星系核大约在1 100万光年之外，位于南天球半人马座的半人马座A星系的中心区域。半人马座A是一个巨椭圆星系，能看到有一个凸起和一个与尘埃暗带纵横交错的中心圆盘。它横跨6万多光年，在天空中所覆盖的角域只比满月小一点。半人马座A还是一个强大的X射线和射电喷流的发射源，有些喷流甚至伸展到活动星系核100多万光年之外。

　　半人马座A是一个星暴星系（参见第150页），产生了大量的高温年轻恒星和蓝色星团，其中大部分都发生在它的中央核心区域附近，人们认为这里潜伏着一个质量超过太阳5 000多万倍的超大质量黑洞。地基望远镜拍摄的半人马座A的完整照片显示，它的赤道盘面并不完全是平的，而是扭曲着的。这表明，这个星系可能在很久以前与另一个星系产生了相互作用，甚至发生了碰撞与并合。过去的这种相互作用甚至可能是半人马座A中目前爆发恒星形成活动的导火索，并合中的气体和尘埃的分子云产生的冲击波和潮汐力促使这些云团最终坍塌成为旋转的原恒星盘，新恒星便由此诞生。

右图：哈勃望远镜的WFC3假彩色照片，照片中是巨椭圆星系半人马座A。在距离我们只有1 100万光年的地方，半人马座A当中栖息着离我们银河系最近的超大质量黑洞。颜色由紫外、可见光和近红外滤光片的单独测量结果组合而成。

最奇特的星系

2010年12月

　　20世纪60年代中期，美国天文学家哈尔顿·阿普出版了一本由338张星系照片组成的图表，都是那些与"一般"星系相比具有不同寻常外观的被他称为"奇特"的天体。阿普对几十个星系特征进行了登记，包括带有断开的或者分离的旋臂的旋涡星系，与旋涡星系相连的椭圆星系，带有细丝状、尾巴状、碎片状部分及其他分离部分的星系，以及看上去发生着相互作用的多重星系。阿普的星系表是宇宙星系动物园中古怪成员的一个令人愉悦的取样。

　　在随后由哈勃望远镜拍摄的阿普的星系表的最上镜成员中，有一对被称为阿普273（Arp 273）的星系位于仙女座，距离地球大约3亿光年。这张照片显示的是一对由于引力相互作用而极度扭曲变形的旋涡星系。

　　计算机模拟了扭曲变形的上方的星系，特别是外旋臂如何被拉伸成一个宽阔的环，与下方的星系（也因扭曲而变形）正好穿过上方星系的外旋臂并存。就像一块石头被扔进湖水，下方星系碰撞所产生的引力涟漪，形成了一个上方星系所特有的扭结、倾斜和弯曲。下方星系旋臂的极度延展和远离它们的、暗弱的恒星组成的拖尾的出现，也可能是这次碰撞的结果。

　　哈勃望远镜的图像显示，这两个星系之间的相互引力作用，还在这两个星系中掀起了新一轮的恒星形成浪潮。在上方星系中，新生恒星看起来像一簇亮蓝色星团，沿着星系最外层的旋臂，撒落在照片的顶部。在下方星系中，大部分新恒星的形成似乎集中在旋涡的中央核心区。

　　这些新恒星的诞生，似乎是由碰撞之前的星系中的尘埃和气体云的"碰撞"诱发的引力压缩而引发的。像这样的相互作用，一方面代表了星系能够变得很奇特，另一方面也能够形成新一代的恒星。

左图：哈勃望远镜的WFC3假彩色照片，照片中是"奇特"的星系阿普273，这是一对旋涡星系，它们的引力相互作用导致了旋臂的弯曲和扭结。阿普273位于大约3亿光年之外的仙女座。这张照片是使用紫外、蓝色和红色滤光片的观测结果合成的。

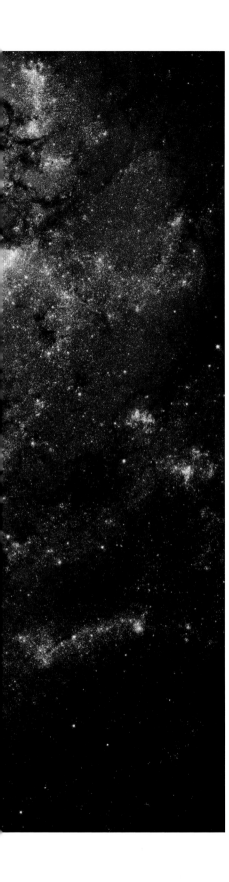

南方风车星系

2012年9月

　　旋涡星系属于宇宙中最美丽、最优雅的天体队伍。它们特上镜这种特点，尤其是它们的旋涡形状面向我们，使我们能够看到它们错综复杂的结构，这让它们成为业余天文学家追逐的热门目标。

　　有少量"面向"的旋涡星系距离我们相对较近（相对于宇宙的大尺度而言），为专业天文学家提供了机会，他们可以通过哈勃望远镜和其他空基天文台梳理出星系的结构、组成、起源和演化的微妙细节。梅西叶83（M83）就是一个很好的例证，人们称之为"南方风车星系"，它是一个相对靠近我们、令人惊艳的旋涡星系，也是天文业余爱好者和专业人士都甚为推崇的一个目标。

　　南方风车星系宽度约5万光年（大约为我们旋涡状的银河系的一半大小），距离我们"只有"约1 500万光年。它在天空中的张角大小约为满月的一半。鉴于它的大小和与我们之间的距离，比起那些更远的旋涡星系，哈勃望远镜能够观测到它构造中更加细微的枝节末梢。哈勃望远镜的图像和拼图揭示了恒星演化的大量证据，以数以千计的年轻星团为代表的"生命周期"，数十万颗从年轻到年老的恒星，以及与最近发生的超新星爆发有关的数百个星云"气泡"。

　　尤其美妙绝伦的，是那些沿着星系的尘埃和松散缠绕着的旋臂呈弧形排列的难以计数的亮蓝色斑块，它们勾画出新近从星云外壳中浮现而出的那些炽热的年轻恒星的所在。其中许多恒星的年龄还不到几百万年，它们释放出大量的紫外能量，使其旋臂中云集的残余氢气被电离。在这张照片中，来自这些恒星以及其他仍镶嵌在这些气体和尘埃云中的新生恒星的能量，使它们散发出明亮的粉红色光芒。

　　南方风车星系中较为年长的恒星更集中于星系的中心棒的区域，它们鼓胀凸起，散发出偏淡黄色的光芒。在中央核心深处，哈勃望远镜的图像显示出更多的亮蓝颜色，这是高度活跃的恒星形成区的典型特征。对此的一个猜想是，南方风车星系中心的恒星棒将新的物质汇集到星系的核心区域，从而帮助加速了恒星的诞生。

左图：哈勃望远镜的WFC3假彩色照片，照片中是美丽的旋涡星系梅西叶83，或称为南方风车星系，距离我们1 500万光年，位于南天球的长蛇座。色彩是根据紫外、可见光和红外滤光片的单独测量结果合成的。

触须星系的持续碰撞

2013年7月

尽管绝大部分空间是空的，但物体偶尔还是会碰到一起：小行星和彗星撞击行星，恒星碰撞然后合并成更大质量的恒星和黑洞。即使是整个星系也可能相互碰撞，尽管"碰撞"一词描述得并非很准确。实际发生的情况是，这些巨大的天体相互穿行，其间很少有恒星发生碰撞，甚至一个也没有，然而引力效应仍然可能是毁灭性的。

哈勃望远镜拍摄的星系NGC 4038和NGC 4039的照片给出了星系碰撞产生狂暴引力影响的最引人瞩目的例子。这两个巨大的恒星集群最初形成时只是普通的旋涡星系，但在大约10亿年前，它们从太空穿越而过的路径开始将它们拉近，从而最终迈入一个碰撞进程当中。数亿年以来，这两个星系相互穿行，它们巨大的引力将它们精美的旋涡构造撕裂，将恒星和巨大的气体及尘埃云相互撕扯开来，并形成了长长的气体流，远远地延展到它们明亮的核心区域之外。遥远的气体流让人联想到昆虫的触须，因此人们给它们起了个昵称：触须星系。

巨大的星系碰撞在幸存者当中创造了一个恒星婴儿潮。巨大的气体和尘埃云可能会相互撞击、混合、压缩，并坍缩成由新生的炽热的年轻恒星组成的大量亮蓝色的星团，这些星团成为原始星系更外部旋臂残骸的主要组成部分。新恒星的形成速度堪比所谓的星暴星系（参见第150页）。亮粉红色的气体云，部分被黑暗的尘埃所遮蔽，也被撒落在残骸中，并成为生成更多新恒星的原材料。

作为碰撞所导致的结果，触须星系现在被锁定在一个缓慢的环绕运动状态，似乎已经用它们相互之间的引力俘获住对方。一些计算机模拟预测，这两个星系会继续以不断收紧的圆圈彼此环绕运行，直到它们最终合并成一个单一的巨椭圆星系。类似的惨烈命运可能也在等着优美的旋涡星系银河系和仙女座星系，它们已经在通往30亿～50亿年后互相碰撞的路上。

遥 远 的 宇 宙

宇宙变焦镜头

2002年6月

　　镜头是可以将光线弯曲并聚焦到所需点上的一种物体（一般由透明玻璃或塑料制成），通常是相机里的数字探测器。镜头可以拉近或放大图像。光线还可以被由极其巨大的天体所组成的"引力透镜"所弯曲，比如黑洞或巨大的星系团。哈勃望远镜已经拍摄了这类引力透镜的图像，并获取了它们的其他数据，目标包括被称为阿贝尔1689的巨大星系团。

　　阿贝尔1689是一个由数百个星系和至少16万个球状星团组成的星系团，跨度约200万光年，距离我们约22亿光年，位于室女座。它是目前已知尺度最大和质量最大的星系团之一，总质量为数万亿个太阳质量。这个星系团的质量如此之大，致使它像一个引力透镜，能够弯曲和放大成百上千个位于更远处的星系的光线，从我们所在的宇宙中的位置来看，这些星系正好位于阿贝尔1689的后面。像这样由巨大质量而造成的光线的弯曲，是阿尔伯特·爱因斯坦在20世纪早期的相对论理论的主要预言之一。

　　天文学家已经发现了这样的"被透镜的"星系的多个例证，它们来自更加遥远的地方，和阿贝尔1689星系团的星系混杂在一起，其中一个被透镜的星系的年龄可能高达130亿年（可以追溯到恒星和星系形成史上最早的年代）。引力透镜能使像哈勃望远镜上那样的仪器看到太空的更深处，从而在时间轴上能够追溯得比它们通常所做到的更久远。

　　在哈勃空间望远镜照片中，阿贝尔1689后面更远的星系呈现为蓝色和红色的光弧，因为它们原本的表象被星系团的大质量透镜给模糊了。哈勃望远镜卓越的分辨率和成像灵敏度，以及在数十小时的曝光时间内收集这些目标发出的微弱光线的能力，提供了一个罕见的能够进入深远时空的窗口。阿贝尔1689只是几十个已知的强引力透镜效应源中的一个，天文学家已经利用了所有已知的这类事件，尽可能多地了解以前遥不可及的极早期宇宙，包括第一代恒星是如何形成的蛛丝马迹。

右图：哈勃望远镜的ACS照片，拍摄的是遥远的阿贝尔1689星系团，照片展示了引力透镜效应，其中巨大的前景天体，这里是大约22亿光年之外的星系团，增亮了它后面沿着视线方向更远的天体。照片的颜色是由独立的绿色、红色和红外滤光片图像合成的。

第166页和第167页图：在这张哈勃望远镜ACS和WFC3合成图像中，我们看到的是被称为阿贝尔370的星系团，其中一些更遥远星系的模糊的弧形图像（被星系团的引力透镜效应所放大）与其他由我们太阳系中的小行星（参见第48页）通过长时间曝光的星系图像的视场造成的更细的弯曲的线条混合在一起。

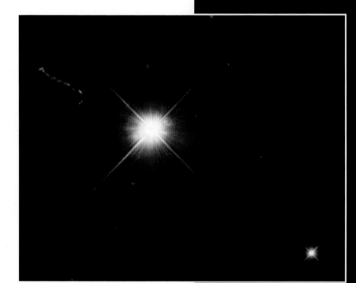

类星体

2003年4月

自从20世纪30年代发现银河系的中心是一个强大的射电辐射源之后，天文学家开始系统地在天空中寻找同样可能是强大射电源的其他天体，试图弄清楚这些天体如何以及为什么会存在。20世纪50年代末，英国的一个研究小组在《第三版剑桥射电源表》（也称为"3C星表"）中公布了他们的搜索结果。在星表中列出的第二百七十三个天体（称为"3C 273"）非常有趣，后来发现它的位置与先前被认为是恒星的一个源的位置相匹配。

天文学家曾经对这颗恒星的位置困惑不解，因为它的光谱（它发出不同颜色和能量的光的方式）不同于其他任何已知的恒星。射电信号给出了答案：它根本不是一颗恒星，而是一个拥有惊人光度和能量的大质量椭圆星系的核心，距离我们大约25亿光年远。3C 273是一个"类星体"的例子，或称为类似恒星天体，这是已知宇宙中具有最高能量的天体类型之一。

在有些星系的恒星密集的中央核心区深处，有着向太空喷射出极大能量的大质量黑洞。这种活动星系核（参见第158页）的质量高达太阳的数百万倍到数十亿倍，由坍缩恒星提供燃料。3C 273是在天文学家所说的"宇宙距离尺度"上发现的第一个也是最亮的一个活动星系核。这类天体距离我们如此遥远，来自它们的光需要花费宇宙年龄中的相当一部分时间才能抵达我们这里。

尽管3C 273距离我们有惊人的25亿光年远，但因为它是距离我们最近的类星体之一，所以是第一个被发现的。这也意味着3C 273是已知最亮的类星体，它闪耀的光度是太阳的万亿倍以上。3C 273只有在望远镜中才能看到，但它本身非常明亮，如果它恰好位于距离我们只有30光年的地方，那么它对我们来说就像空中的太阳那样明亮。

3C 273跟许多距离我们更近的活动星系核一样，正在向太空发射巨大的高能粒子喷流，这是一个有9亿倍太阳质量的中心黑洞将气体和尘埃不断加速的结果。从这张由哈勃望远镜拍摄的照片中能够看到大量细节，这些喷流中最长的可达近20万光年。

插图：哈勃望远镜WFPC2拍摄的类恒星射电源（或叫类星体）的照片。它被称为3C 273，距离我们大约25亿光年，位于室女座。尽管类星体在空中看起来像恒星，但实际上它们是整个星系中非常明亮和活跃的中心部分。照片的色彩由单独的蓝色和红色滤光片图像组合而成。

右图：艺术家对像3C 273这样古老的遥远类星体及其高能粒子双极喷流的近观印象。

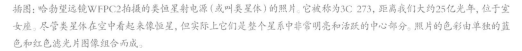

爱因斯坦十字

2003年8月

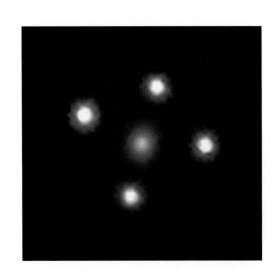

像巨型星系或星系团这种宇宙中质量最大的天体拥有的令其周围空间的光线产生弯曲的能力被称为引力透镜（参见第168页，宇宙变焦镜头）。大多数的透镜效应都涉及对更远处"正常"星系的放大和聚焦。然而，也有少量前景星系作为更遥远类星体的透镜的例子，这些类星体是宇宙历史早期形成的活跃星系的超高能核心（参见第170页，类星体）。

当来自单一的背景类星体的光被分裂成模糊的弧线或多个重新聚焦的独立图像时，就会出现这些引力透镜效应中最漂亮雅致、最美丽如画的一种现象。在少数情况下，原始类星体被分裂成由4个透镜图像构成的一个十字形图案。为了纪念在其广义相对论中对这种光线弯曲所产生的光学幻像进行预言的著名物理学家，这种图案被称为"爱因斯坦十字"。

哈勃望远镜给一些爱因斯坦十字拍摄了许多壮丽的照片，使天文学家得以非常详细地研究引力透镜效应，并提供了一个观察宇宙137亿年历史中极早期天体的窗口，否则这些天体对于哈勃望远镜而言将过于暗弱。一个极其壮观的例子来自ACS和WFC3设备的组合照片，拍摄的是一个位于波江座的被称为HE0435–1223的引力透镜类星体。

地基望远镜对透镜系统的光谱分析显示，照片前景中的淡黄色椭圆星系距离地球大约40亿光年，被透镜的背景类星体可能离我们近100亿光年——这一令人难以置信的距离意味着我们看到了一个在大爆炸后仅30亿～40亿年的时候出现的活动星系核。

像这样的爱因斯坦十字对天文学家来说不仅仅是一种美丽的珍品。类星体会随着时间的推移发生变化，同一个背景类星体的全部4个重新聚焦像的光谱也会发生同样的变化，但并不会同时发生，因为分开的光在重新聚焦之前传播了不同的距离。利用多个爱因斯坦十字产生的时间延迟，天文学家已经能够将宇宙的膨胀率（所谓的"哈勃常数"）的测量精度控制在5%以内。

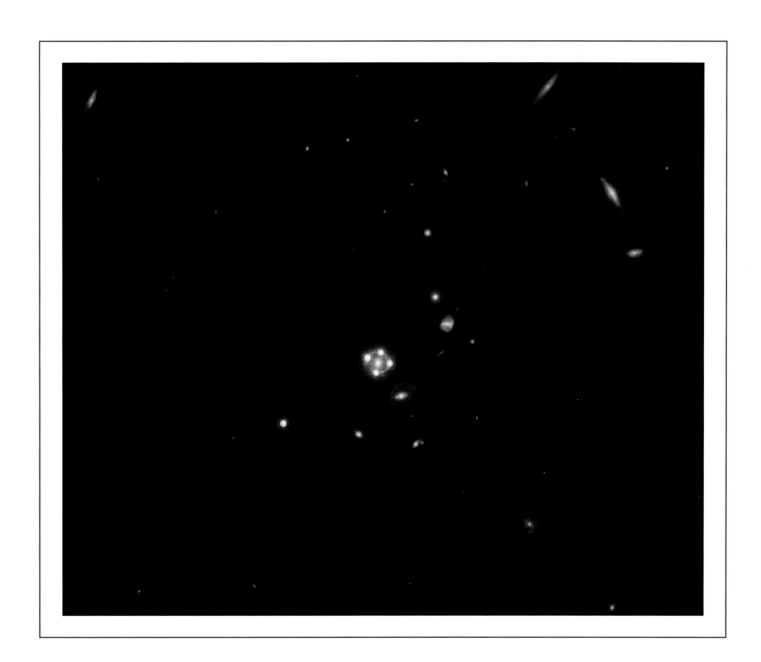

暗物质?

2004年11月

在过去的几十年里，宇宙学（研究宇宙的起源和演化）的一个根本性巨变是一个猜想：我们在宇宙中所能看到的和直接研究的，只不过是一切真实存在的一小部分。具体而言就是天文学家形成了一个理论，认为有一种神秘的、看不见的物质形式渗透在宇宙当中，这种物质形式只能间接地被探测到，例如通过它们施加在"正常"物质上的引力作用被探测到。我们宇宙中这种推定看不见的组成部分被称为暗物质——不是因为它看起来是深颜色，而是因为它完全看不见。

我们如何探测到从定义上就不可探测的东西？答案是，尽管暗物质不像正常物质那样反射或发射电磁辐射，但它确实有质量，因此可以影响正常物质的运动。事实上，最初假设存在暗物质的一个原因是，它可以解释大质量星系中球状星团或旋臂的令人费解的运动，这种想法认为，这些无法解释的运动是受到了星系周围大量看不见的物质的影响。

遥远星系团的引力透镜效应（参见第168页，宇宙变焦镜头）也提供了一种间接研究暗物质的方法。例如，天文学家分析了哈勃望远镜拍摄的星系团Cl 0024+17的图像（该星系团距离我们大约40亿光年远，位于双鱼座），发现该星系团增强着来自许多更遥远的星系的光线。通过描绘前景星系团产生的光线弯曲或透镜效应的强度，天文学家已经能够绘制出这个星系团的重力场，并发现在看到的星系中根本没有足够的可见质量来解释产生这种程度的透镜效应所需要的质量数。

按照一些天文学家的说法，对Cl 0024+17重力场的计算机模拟显示，星系团被一个巨大的暗物质"环"所包围。一种猜想是，这个星系团很久以前与另一个巨大星系团发生碰撞，导致它们的暗物质光晕相互发生作用，进而形成一个环。然而，其他天文学家对这种猜想持怀疑态度，因此研究仍在进行当中。

在一些宇宙学模型中，暗物质可以占到宇宙中所有物质的85%或更多。如果真是这样，它可能就意味着最终的降级，也就是说，我们和所有我们可以直接观测到的行星、恒星以及星系只是宇宙里很小的一部分。

上图：哈勃望远镜的ACS照片，拍摄的是由1 000多个椭圆星系和旋涡星系组成的后发座星系团，因位于后发座而得名。后发座星系团距离我们大约3.2亿光年。这张照片中的颜色由单独的蓝色和红色滤光片图像组合而成。

宇宙的边界

2007年1月

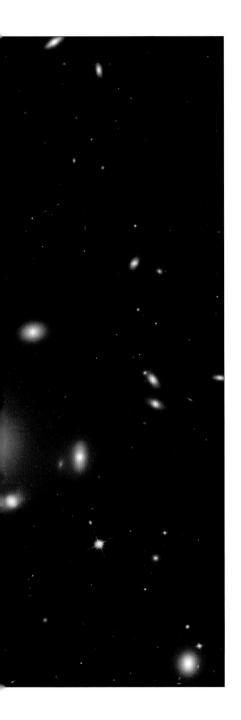

超星系团是宇宙中已知的最大结构，是由数百到数千个星系在引力作用下彼此被束缚在一起的集群。迄今为止，天文学家发现的由较小星系团和巨大的超星系团组成的互相连接的网络（或称网），勾勒出界定了我们宇宙边界的墙体、细丝和空洞的整体大尺度结构。

哈勃空间望远镜卓越的分辨率，使我们不仅可以识别出星系团和超星系团中的单个星系，而且还可以识别出相对较近的星系集群中许多星系里的单个球状星团（被引力束缚在一起的由数百万颗恒星组成的球形集群）。一个绝好的例证来自哈勃望远镜给遥远的后发座星系团拍摄的ACS图像，这是一个由1 000多个单个星系因引力作用紧聚而成的集群，距离我们大约3.2亿光年，位于后发座（"仙后的头发"）。尽管距离遥远，但后发座星系团实际上是离我们最近的星系团之一（除了银河系是其一部分的室女座星系团之外）。它也是一个更大的超星系团的组成部分，这个超星系团被（富于想象力地）称为后发座超星系团。

从哈勃望远镜拍摄的后发座星系团图像中可以看到2.2万多个点形的球状星团，其中一些星团围绕星系团内部的星系运转，但另一些显然是位于星系之间的自由运动的轨道上。有的观点认为，星系团里星系之间的碰撞或者近似碰撞会将许多球状星团从它们原来的宿主星系中拉扯出来。例如，在哈勃望远镜拍摄的后发座星系团中心区域的照片中，一串明亮的蓝色孤立球状星团似乎在最大的两个离散椭圆星系之间形成了一种纽带。这些游荡的球状恒星集群被称为"星系团内球状星团"，因为它们受到星系团的整体引力的约束，而不是星系团内某个单个星系的引力约束。

像那些游荡在后发座星系团中"游手好闲"的球状星团，为这种大尺度结构的引力场提供了额外的评估方法。事实上，在星系团内的球状星团，以及后发座星系团里许多单个星系的引力和运动中的"异常"现象，成为宇宙受暗物质支配这一猜想的首批证据之一（回溯至20世纪30年代）。暗物质作为一种看不见的物质，只能通过它对正常物质的引力作用被间接地探测（参见第174页）。

斯蒂芬五重星系

2009年8月

虽然在横跨宇宙的星系团或超星系团中发现了数十万个星系,但在我们的星系际邻域中,在彼此靠近的小星系群中存在的星系却很少。这类集群被称为"紧致星系群",只有大约100个被登记编目。第一个同时也是很著名的一个紧致星系群当属斯蒂芬五重星系。

这个紧致星系群于1877年被法国天文学家爱德华·斯蒂芬发现,由位于飞马座的5个不同星系组成。在哈勃望远镜WFC3照片中可以看到非常详细的情况,其中有2个星系是经典的旋涡星系,2个是有交互作用的旋涡星系,1个是经典的椭圆星系。在5个星系中有4个主要由老年的淡黄色恒星构成,而第五个则以年轻的蓝白色恒星为主。

不过,这里的五重星系其实是错觉,因为5个成员中只有4个真实地彼此离得很近。照片中偏黄色的4个星系是一个紧密相连的紧致星系群的一部分,距离我们大约2.9亿光年。第五个星系(左上角偏蓝色的那个)实际上距离我们要近得多(大约4 000万光年远),并没有与其他星系一起移动。事实上,这个星系群的名字应当是"斯蒂芬四重星系,再加前景中的一个"。

不管怎样,在4个距离较远的密切关联的星系中,其中3个有证据证明,曾经发生过或者还在发生着碰撞或近距离的引力相互作用,从而显著改变了它们的结构。照片中央的2个星系看起来正发生着碰撞,右上角的星系的旋臂发生了显著变化(围绕中心轴延伸至180度),可能是因为近距离经过了下面正发生相互作用的那一对星系。

由于它们旋臂中气体和尘埃的引力扰动,正在发生相互作用的一对星系以及近距离路过的旋涡星系都展示出星暴活动的充分证据。这可以从不久前开始沿着被扰乱的旋臂形成的高温蓝色年轻恒星中看到,也可以从发出红粉色光芒的氢气壳层区域里面看到,正在那里形成的新的恒星还没有显现。同时,在左上角那个更近也可能更年轻的星系的旋臂中也可以看到类似的星暴活动。

第一批星系？

2011年3月

引力透镜星系团（参见第168页，宇宙变焦镜头）如此吸引天文学家并令他们垂涎不已的一个原因是，它们能聚焦到更遥远的天体上，而在其他情况下这些天体是看不到的。从已经涉及的宇宙学距离看，这意味着透镜星系团创造了一个可以看到特定天体的机会，这些天体曾经存在的时间比其他任何方法能观测到的时间还要早得多。

关于早期宇宙起源和演化的大爆炸理论的猜想是，第一批恒星和星系形成的时间相对较早，可能在最初的10亿年或更短的时间内。然而，还没有望远镜（即使是高性能的空间望远镜）拥有可以将时间回溯到如此久远所需的观测100亿～120亿光年或更远距离的能力。即使真的存在这种技术，从如此遥远距离传播而来的光也会因中途气体和尘埃的干扰而变得暗淡微弱，可能会使大多数如此遥远的天体根本无法被探测到。

然而，这正是引力透镜效应发挥关键作用之处，其中最令人震惊的一个例证是哈勃望远镜拍摄的阿贝尔383这个巨大的椭圆星系团，它距离我们约25亿光年，位于波江座。这个由数以千计独立星系组成的星系团以及与之相关联的暗物质晕（根据可见星系的引力结构推断）沿着我们的视线方向，对星系团"后面"的星系产生出大量的透镜效应和聚焦效果。后景中的许多星系都被星系团强大的引力拉成了圆弧形。

但至少有一个遥远的后景星系被阿贝尔383的透镜效应高度聚焦，这个后景星系被前景星系团的引力分离为两个单独聚焦的图像（参见第172页，爱因斯坦十字），使它看起来像两个暗淡的不明显的斑点，正好位于星系团明亮的中央核心区上方和左下部位。天文学家们发现，这个独特的星系可能出现在127.5亿年前：也就是说，它形成于大爆炸后约9.5亿年。其他类似的通过透镜星系团进入我们视野的古老星系的例子，揭示了更加久远的情况，有些甚至可以追溯到大爆炸后仅2亿年。显然，第一批恒星和它们在其中聚集的第一批星系，都是从早期宇宙的原材料中快速形成的。

哈勃望远镜超深场

2012年9月

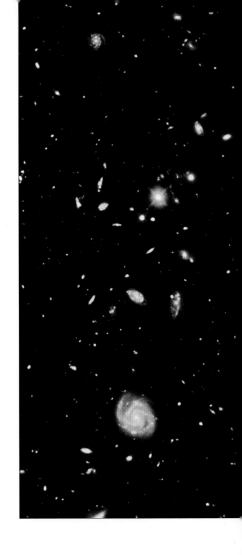

    使用哈勃空间望远镜的一个优点是，观测的时候永远不会被地球大气层的云遮住。凝视深空的每一刻都非常清晰；当望远镜环绕地球轨道运行时，如果这些仪器能够保持稳定的指向，那么视野就会保持不变。天文学家利用这种稳定性拍摄了超长时间曝光的照片，让哈勃望远镜相机的快门保持在打开状态，指向天空中几个特定地点分别拍摄多张照片，将曝光时间叠加到数天甚至数周，进而采集到迄今为止所见过的来自最暗淡、最遥远星系的光线。

    天文学家将这种长时间曝光成像称为深场摄影，曝光时间越长，接收到的光线所对应的时间就越久远。新近就有一个利用这种"点–盯"（"指过去盯着看"的操作）法的实例，人们利用哈勃望远镜从紫外到红外的全波段光谱能力，进行了深场成像。这张被称为哈勃望远镜超深场照片的成像素材拍摄于2002年至2012年，使用了ACS和WFC3仪器，总曝光时间超过200万秒（超过3周）。凝视成像的区域基本上是在天炉座方向一个相对"空白"、本质上随机的极为狭小的空域。之所以选择对准这里，主要是因为它里面恰好没有哈勃望远镜视场范围里通常都会有的那些邻近的恒星。

    在哈勃望远镜的有生之年，像这样的深场成像已经将时间向过去追溯得越来越久远，而这也在某种程度上提供了确凿的证据，这台望远镜是一台时光机。一些可以在超深场成像中被辨识的极其古老的星系，看上去形成于大约133亿年前，也就是大爆炸后的4亿年。这张照片就像一个岩芯样本，从邻近的空间一直延伸到遥远的过去时光。

    哈勃望远镜的超深场照片，是哈勃望远镜有生以来获得的天文色彩和形态都最令人叹为观止的照片之一。在这张照片中可以看到1万多个天体，它们中的绝大多数（即使是看起来仅仅是一个点的那些）都是完整的星系。这一随机视场的大小只有在天空中满月大小的1%的一半，相当于在一个约2.5米长的鹅管里抬头仰望时看到的那一小点天空。想象一下，将这张照片中看到的星系数量和多样性向外推及整个天空，你会惊叹在那里真实存在的天文数字的星系数量。

右上图：哈勃望远镜的超深场照片，由2002年至2012年拍摄同一小片天空所得到的数百张图像叠加而成。这张合成图像的素材来自13种不同波段的ACS和WFC3滤光片，涵盖了从紫外到红外的波段范围。

右下图：哈勃望远镜一次又一次不断叠加的深场照片让我们看到越来越遥远的过去，现在已经回溯至大爆炸后还不到5亿年的时间。

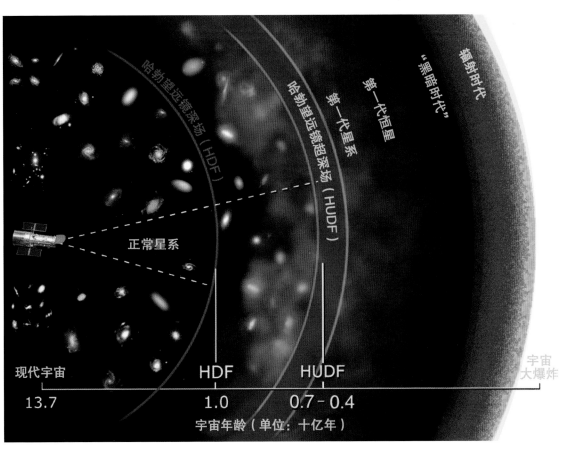

辐射时代

"黑暗时代"

第一代恒星

第一代星系

哈勃望远镜超深场（HUDF）

哈勃望远镜深场（HDF）

正常星系

现代宇宙

宇宙大爆炸

13.7	1.0	0.7 - 0.4
	HDF	HUDF

宇宙年龄（单位：十亿年）

伽马射线爆发

2013年7月

20世纪60年代，美国军方部署了一系列地球轨道卫星，旨在探测苏联或其他国家的秘密核武器试验所释放的高能辐射。令人惊讶的是，这些卫星探测到了来自深空的高能伽马射线的强烈爆发。经过几十年的跟踪观测，天文学家发现，这些伽马射线爆发（伽马暴）是当大质量恒星坍缩成像中子星或黑洞这样的致密天体时所引发的巨大爆炸。

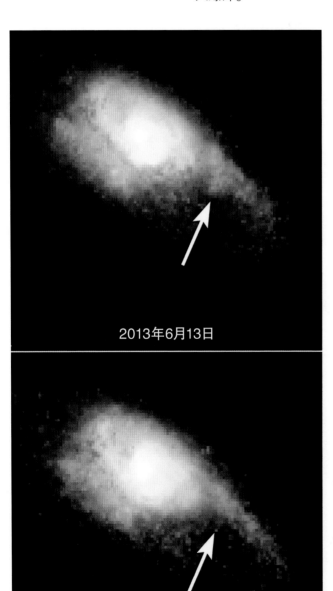

2013年6月13日

2013年7月3日

伽马暴是宇宙中最明亮的单一的电磁事件，仅在几秒之内产生的能量就相当于我们的太阳在它整个生命周期中所产生的能量。这也是极其罕见的事件，预计每个星系中每100万年也就发生几次。由于这些事件提供了一种直接的方法来研究恒星演化的狂暴和剧烈的终结，天文学家们发射了一些自己专门的卫星来探测伽马暴，并建立了一个专门的网络用来在有伽马暴时向其他天文学家预警。

哈勃望远镜是这个网络的组成部分，因为它是一个可以通过在紫外、可见光和红外波段的成像和光谱观测来开展对伽马暴的后继观测的天文台。爆炸产生的能量在随后的数小时到数天之中变得越来越弱，其中的细节会有助于了解已经发生的这类事件的详细情况，并洞悉致密天体形成的物理机制（参见第136页，一个巨大的黑洞回以凝视）。

一个实例是2013年6月3日美国宇航局的"雨燕"号伽马暴监测卫星在狮子座方向一个先前未知的星系中探测到的编号为GRB 130603B的伽马暴。在10天之内，地面控制人员就能将哈勃望远镜对准这个星系，获得了可见光和红外线图像，从中可以看到源自巨大爆炸的微弱余晖，从而以极高的精度定出了原始事件的位置。对哈勃望远镜数据和对这一事件的其他观测结果的分析表明，它是一类被称为"千新星"的新型超新星爆炸所产生的不断衰减的余晖，或者是一颗质量相对较低的白矮星推测中可能的坍缩。

天文学家发现，伽马暴的持续时间有所不同，从短暴（至多几秒）、长暴（至多几个小时）到超长暴（数小时以上），每一种持续时间都给特定类型的猜想中的恒星爆炸或者致密天体并合提供了独特的洞见。

上图：哈勃望远镜的ACS和WFC3假彩色照片，拍摄的是GRB 130603B所在的星系，2013年6月3日探测到该处的伽马暴。10天后哈勃望远镜成像观测到爆炸的红外波段余晖，又过了10天才逐渐消失（左下方插图）。这张RGB照片由ACS的红色滤光片图像和WFC3的红外滤光片图像组合生成。

碰撞中的星系团

2014年8月

在宇宙中每一个可能的尺度上都有碰撞发生，从尘埃颗粒之间的微小撞击到星系团整体之间巨大的相互作用都有。哈勃望远镜和其他尖端的天文台为后者的众多实例提供了一个前排座位，使人们能够对宇宙中大尺度结构之间的引力相互作用形成独到的见解，对理解暗物质（参见第174页，暗物质？）在宇宙大尺度结构定型过程中的作用也是如此。

一个令人惊叹的实例来自一次联合观测活动，该活动旨在研究两个位于波江座方向、距离我们约43亿光年的巨大星系团之间即将发生的碰撞与并合。在哈勃望远镜的ACS和WFC3图像中，合并星系团MACS J0416的两个部分均显示出后景星系发生了引力透镜效应（参见第168页，宇宙变焦镜头）的证据，由于牵涉到的质量巨大（估计是太阳质量的160万亿倍以上），来自那些更远处天体的光线被拉伸成扭曲的形状和弧线。这种引力畸变的特性，加上参与并合的数千个星系中其他的线索，使天文学家得以绘制出与星系团有关联的暗物质的分布图。

人们将哈勃望远镜照片与美国宇航局的钱德拉X射线天文台的星系团X射线辐射图结合，可以揭示与这些巨大星系集群相关联的气体的温度，而与美国国家科学基金会的甚大阵地基射电望远镜设备的星系团射电辐射图结合，则对单个星系和成群的相互作用星系之间的引力所产生的湍流和冲击波的出现非常敏感。

合并后的数据集表明，这些独特的庞大结构体的碰撞才刚刚开始，因为两个并合中的星系团各自内部的高温气体和推测中的暗物质分布还没有按照假如它们已经相遇所预期的方式被扰乱。相反，每个星系团中星系、气体和暗物质分布看起来基本上还是独立的。然而，整个系统正处于混沌的边缘，因为碰撞预计将在接下来的数百万年到数十亿年内逐渐展开，从而最终并合形成一个单一的超级星系团。

右图：这是MACS J0416星系团的一张假彩色照片，它距离我们约43亿光年，位于波江座。这张合成照片使用了3个不同望远镜提供的数据：以红色、绿色和蓝色出现的哈勃望远镜ACS和WFC3设备的可见光以及红外滤光片数据，以弥漫的蓝色出现的钱德拉X射线卫星数据，以及以弥漫的粉色出现的甚大阵射电波段数据。

超越哈勃空间望远镜

詹姆斯·韦布空间望远镜

2020年

哈勃空间望远镜预计将在21世纪20年代的某个时候结束使命，那么下一个空基望远镜会是什么？美国宇航局的答案是詹姆斯·韦布空间望远镜，简称JWST；这是一个更大、更复杂的天文台，经过优化可以在红外波段观测宇宙。JWST是哈勃望远镜的继任者，以美国宇航局前任局长詹姆斯·韦布的名字命名，他曾在1961年至1968年担任局长，领导了"阿波罗"登月计划。

跟哈勃望远镜一样，JWST从提出想法到计划实现经过了漫长的时间。从20世纪90年代中期，人们就计划建造一座主镜口径为8米的红外空间天文台，开始被称为下一代空间望远镜。到21世纪初，美国宇航局和国会批准的计划是把望远镜的口径减小到6.5米，将总的项目成本控制在10亿美元以下，预计于2010年发射（最终于2021年12月25日成功发射）。然而，技术和管理方面的问题一直困扰着JWST的设计、制造和测试，它的价格也已经飙升到超过100亿美元。欧洲空间局和加拿大空间

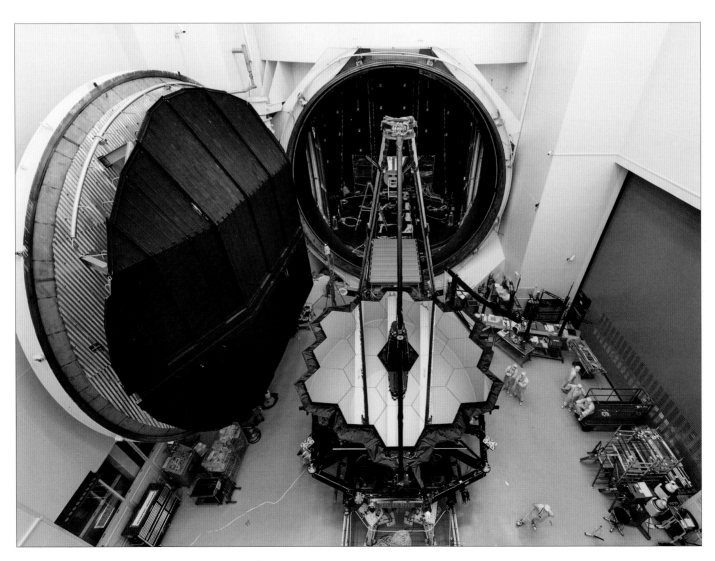

局也共同参与了这个项目。

JWST的主要科学目标是搜寻来自第一批恒星和星系的光，研究星系的形成和演化，了解恒星和行星系统的形成，研究行星系统和生命的起源。

尽管JWST的起步不太稳定，预算总是遇到麻烦，发射时间也不停地延后，但总的看来，所有这些耗资和等待都是值得的。望远镜主镜的集光面积大约是哈勃望远镜的5倍，因此它能够探测到更加暗弱的天体。JWST采用了"无镜筒"设计和石墨复合材料，使得它的反射镜面虽然大了很多，但是质量却只有哈勃望远镜的一半。开放的设计和所需的红外性能要求整个望远镜使用大型的反射式遮阳板，以防止镜面和仪器受到阳光直射，并保持尽可能的低温。此外，JWST将会部署在地球轨道以外约150万千米的一个被称为拉格朗日L2点的引力平衡位置，在这里既可以使它与地球保持足够近的距离，以保持良好的无线电通信，同时也离地球足够远，以避免来自地球或月球的红外线"污染"。这个遥远的位置也意味着JWST不太可能或至少将很难由宇航员进行维护或修理。

下图：哈勃空间望远镜及其直径2.4米主镜与JWST及其直径6.5米主镜的比较图。

宽视场红外巡天望远镜

在21世纪20年代初期到中期的某个时候，哈勃空间望远镜的指向系统或其他关键部件会达到设计的使用寿命，之后天文学家将无法有一个针对可见光波长进行优化的大型空基天文台继续观测宇宙，因为JWST将是针对红外线波长进行优化的空间望远镜（参见第190页，詹姆斯·韦布空间望远镜）。因此，空间望远镜替代工作的计划是着眼于哈勃望远镜没有涉及的那部分电磁谱段。

这个替代者被称为宽视场红外巡天望远镜，简称WFIRST。WFIRST使用的这个由美国国家侦察局捐赠给美国宇航局的直径为2.4米的主镜最初是为一颗间谍卫星设计的，它使WFIRST的高分辨率成像功能与哈勃望远镜相同，但视场要大100倍（与满月的张角相当）。非常广阔的视场使WFIRST在从可见光波段到短波红外波段开展类似于哈勃望远镜的深度巡天工作时可以更高效地扫描天空。

这个望远镜的主要科学目标，是通过观测遥远的超新星和引力透镜效应来研究暗物质和暗能量（它们可能是导致宇宙加速膨胀的神秘力量），调查所有已知的系外行星的特性，并通过将它们的光从母恒星的"污染"中分离出来从而搜寻和研究新的系外行星。

WFIRST将使用两台主要仪器：一个是用于宽视场巡天成像和组分研究的红外相机和光谱仪；另一个是称为日冕仪的设备，它可以通过遮挡星光对系外行星直接成像，以探测暗弱10亿倍的与恒星非常接近的行星。与JWST一样，WFIRST将被发射到距地球一段距离的稳定轨道上，这样它就可以比哈勃望远镜更频繁地进行观测（在低轨道上的哈勃望远镜有一半的时间被地球挡住），而且不会受到来自地球或月球的杂散光的影响。

WFIRST于2014年由美国宇航局出资启动详细的研究，此后在国会的支持和资助下持续推进。然而，鉴于WFIRST计划中的32亿美元的最高标价，并考虑到美国宇航局在保障JWST的开发进度和预算方面遇到的困难，WFIRST在正式获准成为美国宇航局新的空间天文台之前仍然面临某些政治上的反对和一些设计人员需要克服的技术障碍。如果项目能尽早获得批准，那么WFIRST可能会在这个10年结束前发射。

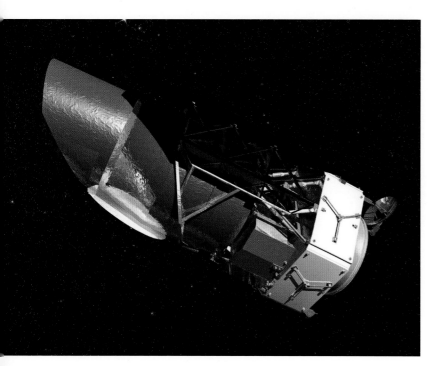

下图：艺术家描绘的宽视场红外巡天望远镜，它是一个直径2.4米的空间望远镜，以与哈勃望远镜相当的分辨率对大片空域进行巡天观测。

大型紫外光学红外巡天望远镜

21世纪30年代中期

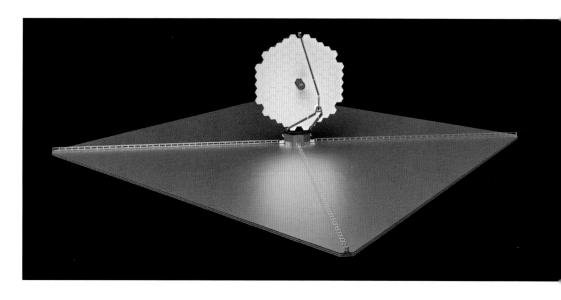

上图：这是艺术家给出的大型紫外光学红外巡天望远镜可能的样子。作为JWST可能的继任者，LUVOIR将使用一个直径8~15米的主镜，以及一个类似JWST的遮阳板来帮助望远镜和仪器设备保持低温。

一旦哈勃空间望远镜的任务在21世纪20年代的某个时候结束，假定像JWST和WFIRST这样的后继望远镜成功发射和运行，天文学家仍无法像使用哈勃望远镜时那样在紫外波段观察宇宙。这是因为，首先，地球大气层会吸收紫外线，使它无法被地基望远镜探测到；其次，接替哈勃望远镜的后继望远镜正加以优化，将来只能在可见光或红外波段进行工作。

因此，天文学界正在寻找继哈勃望远镜之后，重建和增强在太空进行紫外观测能力的途径。目前已经出现了一个可能项目，处于领先地位的候选者被称为大型紫外光学红外巡天望远镜，简称LUVOIR。根据名字，LUVOIR表面上看起来像是JWST，拥有一个开放式望远镜设计，受遮阳板的热保护，距离地球和月球足够远，以避免杂散光的污染，同时距离也足够近，以进行高带宽的无线电通信。然而，LUVOIR的本意是成为一个比JWST大得多的望远镜，拥有一个直径达15米的主镜，以及分别是JWST和哈勃望远镜的5倍和40倍的更大的接收面积。预计的发射时间可能会在21世纪30年代。

LUVOIR将充分利用其多波段的观测能力实现它广泛的科学目标，涵盖宇宙学、恒星和星系天体物理学、系外行星和太阳系研究。具体而言，在天体物理学和宇宙学方面，LUVOIR仪器和观测将侧重于扩大哈勃望远镜对恒星和行星系统的诞生、星系的形成和演化以及早期宇宙中大尺度结构的描绘。对于太阳系和系外行星的研究，LUVOIR仪器和观测将能够分析系外行星大气和表面的结构和组成，会特别侧重于搜寻可能表明在这些星球上存在生命的"生物信号"（比如过量的氧气或甲烷）。在我们的太阳系中，LUVOIR的紫外和可见光波段的观测能力将使我们能够比使用哈勃望远镜更加详细地研究巨行星大气、磁层和极光的组成和时变动力学，间歇泉的成分和其他有关像木卫二和土卫二这样的冰冷卫星上可能存在的地下海洋的特性的线索，以及彗星、小行星和遥远的柯伊伯带天体的组分。

LUVOIR的最终命运目前取决于天文界。根据拟于21世纪20年代进行的详细研究，该项目可能得到或者得不到天文界的支持。

宜居系外行星成像项目/遮星板

21世纪30年代中后期？

在过去的二三十年里，人们对系外行星或者说围绕在其他恒星周围的行星的发现和初步识别经历了一场巨大的变革。目前已知有4 000多颗系外行星围绕着太阳附近的像太阳一样的其他恒星运行，其中有几十颗疑似在大小上与地球相当，在环境条件上可能也相类似。当天文学家能足够详细地描述这些可能类似地球的星球的表面和大气层的特性，以真正评估它们的宜居性时，系外行星研究将迎来下一次大的飞跃。

一个目前正在进行概念设计并可能将于21世纪30年代中后期发射的空间望远镜计划被称为宜居系外行星成像项目，简称HabEx。HabEx将侧重于发现和研究特定恒星周围所谓的"宜居带"之内的行星，选择的是与太阳没有太大区别的恒星，也就是说，这些恒星拥有长而稳定的氢燃烧寿命，紫外或其他高能辐射的程度对有机分子没有致命伤害。这类恒星在我们的天体邻近区域和我们的银河系（以及其他星系）中普遍存在，迄今为止一直是系外行星搜寻和研究项目的重点，像美国宇航局的开普勒空间望远镜计划就是如此。开普勒空间望远镜和其他搜寻项目发现，几乎所有的类太阳恒星都有行星系统，它们的规模从1颗行星到10颗或10颗以上（就像我们的太阳系）不等。更深入的行星搜寻和找出潜在的"地球2.0"的前景比较乐观。

在目前的概念设计（这肯定会随着时间的推移而改变）中，HabEx将使用一个直径约4米的望远镜，配备集中在紫外和可见光波段的成像和光谱观测能力，同时具备有限的红外观测能力。与望远镜相连接的是一个大的（展开时直径可达数十米）"遮星板"，这是一种由轻质材料制成的盾牌，它可以"遮蔽"或阻挡来自主恒星的光线，使得HabEx可以获取靠近恒星的任何未被遮星板挡住的行星的图像和光谱。使用遮星板可以探测到和测量出一颗亮度仅为其恒星一百亿分之一的行星所发出的微弱光线。

下图：艺术家眼中宜居系外行星成像项目（HabEx）的一个可能的设计构想，连同一个展开的用于遮挡星光以便更容易地探测那些很小又非常近的行星的遮星板。

与LUVOIR一样，HabEx的概念（以及将遮星板与空基望远镜配合使用的独立概念）正作为于2020年公开发布的下一个美国国家科学院天文学和天体物理学10年民意调查的一部分，由空间科学界对其价值进行评判。

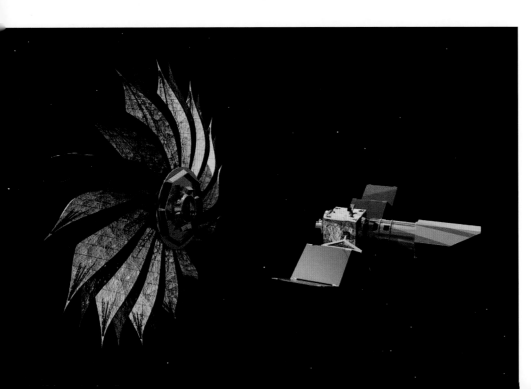

起源空间望远镜

21世纪30年代中后期?

正如哈勃望远镜项目在它发射前几十年就开始了一样,哈勃望远镜的继任者詹姆斯·韦布空间望远镜(JWST)的计划也是如此,而现在也已经开始了针对JWST的继任者的计划。具体来说,美国宇航局和空间科学界正在考虑于21世纪30年代部署4个大型空间望远镜:山猫,一个增强钱德拉X射线望远镜发现能力的X射线天文台;拥有紫外–光学–红外观测能力的空间望远镜LUVOIR和HabEx(分别参见第193页和第194页);第四个是被称为起源空间望远镜(简称OST)的可能的概念项目。

上图:艺术家给出的美国宇航局的起源空间望远镜的早期可能的设计方案之一的概念图,一个6~10米级的经过红外优化的天文台,作为詹姆斯·韦布空间望远镜的后继设备。

顾名思义,起源空间望远镜将关注行星和形成它们的原行星盘的起源,恒星和形成它们的星际分子云的起源,星系和位于它们心脏区域的超大质量黑洞的起源,以及可以追溯至宇宙大爆炸之后的那些最初时刻的整个宇宙的起源。与LUVOIR和HabEx一样,OST还将特别关注可能类似于地球那样在主恒星周围宜居带内运行的小型岩质系外行星的表层和大气特征。

OST与其他正在考虑之中的21世纪30年代大型空间望远镜的不同之处在于,它将针对电磁波谱中红外波段的深层观测进行优化。红外波段是行星状天体发出绝大部分热能的地方,星云和星系中看到的许多暗尘埃带相对这个波段是透明的,有利于对它们里面的天体和正在发生的事情进行详细研究。目前的概念研究主要集中在6~10米级的主镜上,旨在在JWST的分辨率和灵敏度基础上继续提高。采用新技术设计的探测器和遮阳板,将使OST的灵敏度比JWST或之前的任何红外空间望远镜高出100~1 000倍。

从某种意义上说,山猫、LUVOIR、HabEx和OST处于相互竞争状态,旨在争夺美国宇航局和其他有兴趣的航天局伙伴在21世纪30年代有能力提供经费的有可能只有一个的造价在数十亿美元级别的空间望远镜项目。就像哈勃望远镜和其他已经发射(或即将发射)的功能卓越的空间望远镜一样,最终胜出的面向21世纪30年代的概念设计需要满足严苛的科学标准,并通过来自全球空间科学界的检验以及对其预计成本的政策审查。

注解和延伸阅读

在为本书做研究的过程中，我查阅了许多不同的资源，包括各种普通历史资料和百科全书、同行评审的出版物，以核实信息的真实性（或公认的共识范围），还查询了各种网站以获取更多的细节和后续信息。我在这里列出一些资料，如果天文学家和行星科学家使用哈勃望远镜探索所得的壮丽的图像、奥秘和发现激起了你的兴趣和好奇心，希望你能用来做参考。

到目前为止，哈勃望远镜在其30年的使用寿命中已经给数万个不同的天体拍摄了数十万张图像。故此，鉴于本书篇幅的限制，我作为哈勃望远镜的一个使用者，显然自作主张地夹杂了我自己的个人喜好和专业意见。其他写这类书的人肯定会挑选一些不同的受欢迎的照片，不过我依然相信这些照片会与我选择的有很大部分的重叠。尽管如此，我还是很乐意考虑在本书以后的版本中换上另外一些图片。当然，我也欢迎对本书的总体内容提出更正或建议。请随时给我写信，发送至Jim.Bell@asu.edu。

哈勃空间望远镜的历史与高光

The Hubble Cosmos: 25 Years of New Vistas in Space, D. H. Devorkin, R. W. Smith, and R. P. Kirshner, National Geographic, 2015.

"Hubblesite," http://hubblesite.org

"Hubble Space Telescope," NASA Web page: https://www.nasa.gov/mission_pages/hubble/main/index.html

The Hubble Space Telescope: From Concept to Success, Springer Praxis, 2015.

Hubble's Universe: Greatest Discoveries and Latest Images, T. Dickinson, Firefly Books, 2017.

NASA Hubble Space Telescope: Haynes Users' Guide, Haynes, 2015.

Spitzer, Lyman Jr., "Report to Project Rand: Astronomical Advantages of an Extra-Terrestrial Observatory" (1946), reprinted in *NASA SP-2001–4407: Exploring the Unknown*, Chapter 3, Doc. III-1, p. 546.

Spitzer, Lyman S. (March 1979). "History of the Space Telescope". *Quarterly Journal of the Royal Astronomical Society*. 20: 29–36. Bibcode:1979QJRAS..20...29S.

上图：这张哈勃望远镜的ACS假彩色照片拍摄的是鲸鱼星系（也被称为NGC 4631）的一部分，位于大约1 900万光年之外的猎犬座。这个略微倾斜的旋涡星系的明亮核心区域（照片偏左）是一个强烈的恒星形成活动区域，透过星系旋臂的黑暗尘埃带可以看到。

普通天文学图书

A Brief History of Time, S. Hawking, Bantam Books, 1998.

Astronomy: A Self-Teaching Guide, D. L. Moché, Wiley, 2014.

Astronomy for Kids: How to Explore Outer Space with Binoculars, a Telescope, or Just Your Eyes!, B. Betts and E. Colón, Rockridge Press, 2018.

The Astronomy Book: Big Ideas, Simply Explained, DK Books, 2017.

The Cosmic Perspective (textbook), J. O. Bennett, M. O. Donahue, N. Schneider, and M. Voit, Pearson Education Inc., 2019.

The Space Book, Jim Bell, Sterling, 2018.

Turn Left at Orion, G. Consolmagno and D. M. Davis, Cambridge Univ. Press, 2019.

普通天文学网站

Astronomy Magazine: http://www.astronomy.com

Astronomy Picture of the Day: https://apod.nasa.gov/apod

Astronomical Society of the Pacific: https://www.astrosociety.org

Bad Astronomy by Phil Plait: https://www.syfy.com/tags/bad-astronomy

Curious About Astronomy?: http://curious.astro.cornell.edu

European Space Agency: http://www.esa.int/ESA

NASA: http://nasa.gov

Sky and Telescope Magazine: https://www.skyandtelescope.com

Space.com: http://space.com

太阳系

The Great Comet Crash: The Collision of Comet Shoemaker-Levy 9 and Jupiter, edited by J. R. Spencer and J. Mitton, Cambridge, 1995.

The Extrasolar Planets Encyclopaedia: http://exoplanet.eu

"HST Studies of Mars," J. F. Bell, in *A Decade of Hubble Space Telescope Science*, eds. M. Livio, K. Noll, & M. Stiavelli, Cambridge, 2003.

Hubble Outer Planet Legacy Program: https://archive.stsci.edu/prepds/opal

Hubblesite: Solar System Highlights: http://hubblesite.org/images/news/82-solar-system

Hubblesite: Exoplanets Highlights: http://hubblesite.org/images/news/51-exoplanets

NASA's Planetary Science Division: https://science.nasa.gov/solar-system

The Ultimate Interplanetary Travel Guide, Jim Bell, Sterling, 2018.

恒星

Black Holes & Time Warps: Einstein's Outrageous Legacy, K. Thorne and S.Hawking, W. W. Norton, 2014.

The Complex Lives of Star Clusters, D. Stevenson, Springer, 2015.

Extreme Explosions: Supernovae, Hypernovae, Magnetars, and Other Unusual Cosmic Blasts, D. Stevenson, Springer, 2014.

"How Stars Work," *How Stuff Works* web site, https://science.howstuffworks.com/star5.htm

Hubblesite: Stars: http://hubblesite.org/images/news/2-stars

Stars, J.B. Kaler, W. H. Freeman, 1998.

星云

An Introduction to Planetary Nebulae, J. J. Nishiyama, IOP Concise Physics, 2018.

Dark Nebulae: http://abyss.uoregon.edu/~js/glossary/dark_nebula.html

"Hubble Goes High-Definition to Revisit Iconic 'Pillars of Creation,'" NASA Web Page, Jan. 5, 2015: https://www.nasa.gov/content/goddard/hubble-goes-high-definition-to-revisit-iconic-pillars-of-creation

Hubblesite: Nebulae: http://hubblesite.org/images/news/3-nebulae

Reflection Nebula: https://www.nasa.gov/multimedia/imagegallery/image_feature_701.html

星系

Edwin Hubble: Mariner of the Nebulae, G. E. Christianson, Taylor & Francis, 2019.

"The first picture of a black hole opens a new era of astrophysics," L. Grossman and E. Conover, *Science News*, April 10, 2019: https://www.sciencenews.org/article/black-hole-first-picture-event-horizon-telescope

Galaxies, T. Ferris, Random House, 1988.

Galaxy: Mapping the Cosmos, J. Geach, Reaktion Books, 2014.

Galaxy Classification: https://lco.global/spacebook/galaxies/galaxy-classification/

Galaxy Mergers: http://astronomyonline.org/Cosmology/GalaxyMergers.asp

Hubblesite: Galaxies: http://hubblesite.org/images/news/4-galaxies

遥远的宇宙

Clusters of Galaxies: https://www.astronomynotes.com/galaxy/s9.htm

"Dark Matter and Dark Energy," *National Geographic Web Site*, https://www.nationalgeographic.com/science/space/dark-matter

Hubblesite: Cosmology, http://hubblesite.org/images/news/12-cosmology

Hubblesite: Deep Fields, http://hubblesite.org/images/news/14-deep-fields

Hubblesite: Galaxy Clusters, https://hubblesite.org/images/news/15-galaxy-clusters

Hubblesite: Gravitational Lensing, http://hubblesite.org/images/news/18-gravitational-lensing

"What is the Big Bang Theory?" E. Howell, Nov. 7, 2017, https://www.space.com/25126-big-bang-theory.html

超越哈勃空间望远镜

"Astro 2020: Decadal Survey on Astronomy and Astrophysics," National Academy of Sciences Web Site, https://sites.nationalacademies.org/SSB/CurrentProjects/SSB_185159

Cain, F., "What Comes After James Webb and WFIRST? Four Amazing Future Space Telescopes," *Universe Today*, June 13, 2018, https://www.universetoday.com/139461/what-comes-after-james-webb-and-wfirst-four-amazing-future-space-telescopes

"James Webb Space Telescope," NASA Web site, https://www.jwst.nasa.gov

右图：执行第一次维修任务的宇航员在"奋进"号航天飞机的舱内拍摄了这张引人瞩目的照片，当时他们正在西澳大利亚州上空的哈勃望远镜上缓慢爬行。在1993年12月的任务中，宇航员们捕捉到了望远镜，并安装了矫正光学装置，使哈勃望远镜恢复到完美的视力（见第21页）。

索引

上图：这张哈勃望远镜ACS的照片拍摄的是仙女座星系[也称为梅西叶31（M31）]的一部分，它是离我们银河系最近的旋涡星系，大约200万光年远。超过1亿颗恒星和成千上万的独立星团形成了我们现在看到的场景，跨度超过4万光年，从星系明亮的黄色老年恒星的中心区域（左边），横跨至尘土飞扬的旋臂和它们青蓝色的新恒星形成区域（右边）。

致谢

　　如果没有几十年不懈的宣传、设计、建造、运营和维护，哈勃空间望远镜的惊人图像和发现是不可能获得的，成千上万的人对数据进行分析，才使这样的大型科学项目成为现实。我尤其要对那些在1990年至2009年5次航天飞机飞行任务中，其实是冒着生命危险部署和维修哈勃望远镜的宇航员致以深深的感谢。这些英勇的探险家在天文台的头20年里，解决了望远镜的聚焦问题，升级了相机及其他仪器和系统，才使它可以在未来至少10年之内，甚至可能更长的时间内进行探索发现。我本身作为一名哈勃望远镜观测人员，也很感谢空间望远镜科学研究所的工作人员，是他们的技能和忘我的工作帮助规划了复杂的观测活动，使我得以充分利用设备的每一分钟观测时间。我还要感谢Sterling出版社的编辑约翰·迈尔斯对本书项目的信任，以及Sterling团队的其他成员，包括凯文·乌尔里奇、迈克尔·西娅和斯科特·鲁索。另外，非常感谢我在Dystel，Goderich & Bourret公司的作品经纪人迈克尔·博雷特，感谢他多年来在整体写作上给予我的支持。最后，特别的感谢和爱心献给我重要的指路明灯乔达娜·布莱克斯伯格，感谢她在我多次太空之旅摄影中表现出的坚定不移的耐心、支持和智慧。

吉姆·贝尔
于亚利桑那州梅萨市
2019年5月

左图：2004年11月，哈勃望远镜用ACS仪器拍摄了这座由凉爽的气体和尘埃组成的汹涌巨浪塔，它被称为鹰状星云。星云内正在形成的高温年轻恒星正在将这团巨大的氢气云团侵蚀成错综复杂的可爱的结构。照片中的这部分长将近10光年，相当于太阳到下一颗最近恒星距离的2倍多。

图像提供/版权

第206页图：这张壮观的哈勃望远镜ACS假彩色照片，是2005年拍摄的恒星托儿所NGC 346。这个星云距离我们大约21万光年，坐落于小麦哲伦云中，这是银河系的一个矮卫星星系。在星云发光的气体云中和黑暗的尘埃带中，镶嵌着一个明亮的星团，它由充满能量的、新形成的高温恒星组成，它们共同电离并塑造着周围的环境。

图书在版编目（CIP）数据

哈勃空间望远镜的遗产：30年的伟大发现和珍贵图像/（美）吉姆·贝尔著；王雨铃，朱进译. —郑州：河南科学技术出版社，2022.5

ISBN 978-7-5725-0761-8

Ⅰ.①哈… Ⅱ.①吉… ②王… ③朱… Ⅲ.①哈勃望远镜 Ⅳ.①P111.21

中国版本图书馆CIP数据核字（2022）第040408号

出版发行：河南科学技术出版社

地址：郑州市郑东新区祥盛街27号　　邮编：450016

电话：（0371）65737028　　65788613

网址：www.hnstp.cn

策划编辑：刘　欣

责任编辑：葛鹏程

责任校对：刘逸群

封面设计：张　伟

责任印制：张艳芳

印　　刷：北京盛通印刷股份有限公司

经　　销：全国新华书店

开　　本：889 mm×1 194 mm　　1/12　　印张：19　　字数：400千字

版　　次：2022年5月第1版　　2022年5月第1次印刷

定　　价：168.00元

如发现印、装质量问题，影响阅读，请与出版社联系并调换。

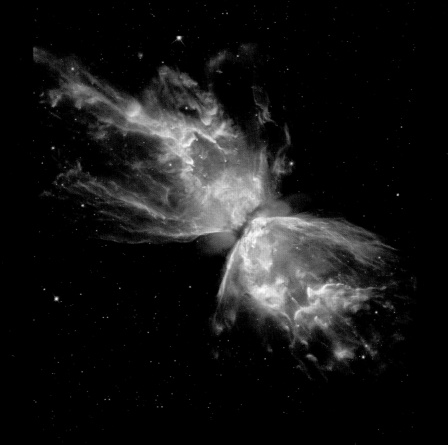

当太阳光到达地球时已经走过了8.5分钟的时光。因此，从这个意义上说，越是观测到更深处的太空，就意味着越是回看到更久远的过去时光。而哈勃空间望远镜就可以回溯至遥远的过去时光，包括数百万年前甚至数十亿年前的恒星、星云和星系。

哈勃望远镜在记录宇宙起源和演化方面所做的工作比其他任何一台空间望远镜做的都多。如果不是哈勃望远镜，我们不可能如此精确地获知大爆炸发生在近138亿年前，或超大质量的黑洞在宇宙中很常见，抑或有越来越多的证据表明暗物质的存在。2020年4月，我们这个时代非常重要的望远镜已年满30岁，并步入其使用寿命的最后阶段。在完成5次太空维修任务（宇航员及序言作者约翰·M.格伦斯菲尔德参与了其中的3次维修任务）之后，人们将不再维修哈勃望远镜。即使哈勃望远镜会停止运行，但它的遗产将永世留存。

这本令人叹为观止的著作由哈勃望远镜使用人员、著名的太空摄影专家吉姆·贝尔教授撰写，书中阐述了哈勃望远镜为增进我们对宇宙和居于其中的我们的家园的了解所做的一切。

© Jason Grubb/Camerawerks

吉姆·贝尔是美国亚利桑那州立大学地球和太空探索学院的教授、美国宇航局喷气推进实验室的客座科学家。他曾大力参与美国宇航局的机器人太空探索任务，包括近地小行星交会探测器（NEAR）、火星探路者、火星探测器（"勇气"号、"机遇"号、"好奇"号和"火星2020"号）、火星奥德赛轨道器、火星勘测轨道器、月球勘测轨道器和普赛克小行星轨道器。贝尔还是美国行星学会的主席，并获得了美国天文学会2011年颁发的卡尔·萨根奖章。

原书封面设计：斯科特·鲁索

照片：
封面：珊瑚星云与冉冉升起的恒星赫歇尔36 美国宇航局/欧洲空间局
本页背面：蝴蝶星云 美国宇航局/欧洲空间局
书脊顶部：天王星 美国宇航局/欧洲空间局（戈达德航天飞行中心/加利福尼亚大学伯克利分校）
书脊底部：火星 美国宇航局/欧洲空间局（科罗拉多大学、康奈尔大学空间科学研究所）
封底：木星 美国宇航局/欧洲空间局 外行星大气遗产计划、
空间望远镜科学研究所、卡罗尔·马斯塔勒兹
本页：旋涡星系阿普273 美国宇航局/欧洲空间局和哈勃望远镜遗产团队